KB105237

사람과 곰 그리고 지리산이
함께 쓰는 생태 서사

반달가슴곰과 함께 살기

사람과 곰 그리고 지리산이
함께 쓰는 생태 서사

반달가슴곰과 함께 살기

이배근 지음

GEOBOOK 지오북

프롤로그

반달가슴곰과 인간의 공존을 위하여

지리산 그곳에 다양한 생명과 함께 반달가슴곰이 살고 있다. 하지만 사람들은 반달가슴곰과의 공존을 불편한 동거라 생각한다. 그 '불편'이란 제대로 이해하지 못함이다. 지난 100여 년의 짧은 시간 동안 우리 삶에서 반달가슴곰을 떠나보냈고, 그들이 떠난 지리산을 당연하게 여기고 있었다. 짧은 이별 후 다시 만난 지금, 원래 그 자리에 있었던 반달가슴곰을 어색하고 불편한 존재로 여기게 되었다. 이런 생각들을 한순간에 바꿀 수는 없다.

반달가슴곰이 불편하지 않은 존재임을 알기 위해 그들을 이해하는 것부터 시작해야 한다. 지리산에서 그들을 만나기 전까지 나 또한 그저 막연한 생각만 하고 있었다. 사실 고백하자면 나는 지극히 평범한 어린 시절을 보냈다. "어려서부터 동물을 유난히 사랑하고, 관심과 열정이 남달랐다." 동물을 연구하는 사람들의 프로필에서 자주 보는 글귀가 부럽기만 했다.

기억을 더듬어 보니 개미, 개구리, 뱀들은 나와 또래들에게는 관심의 대상임과 동시에 수난을 당하는 동물이었다. 개미는 가장 흥미를 끌던 녀석이었다. 나의 놀이터는 개미집이었는데 개미와 한바탕 놀다 늘 마무리는 개미집을 파고, 부수는 것이었다. 지금 생각하면 개미들에게 정말 머리 숙여 사죄해야 마땅한 일들이다. 길을 가다 만나는 개구리와 뱀은 매번 제 갈 길을 가지 못하고 다른 곳으로 던져지곤 했다. 동물들이 나로 인해 참 힘들었을 것을 생각하니 맘이 무거워진다. 어린 시절은 늘 그랬다. 시골 촌놈에겐 어엿한 놀이터나 문화공간을 찾기 어려웠다. 자연 그 자체가 놀이터였다. 마을 앞쪽의 냇가에서 헤엄치다가 잡은 피라미와 주변 웅덩이에서 잡은 개구리들이 놀이 친구들이었다.

동물에 대한 올바른 이해의 시작은 생물학을 배우면서부터였다. 동물학을 공부하면서 그들의 삶이 조금씩 궁금해지기 시작했다. 하지만 학교에서의 배움만으로 이런 궁금증을 해소하기엔 무언가 부족했다. 그렇게 고민하고 있을 때 찾아온 기회가 바로 국립공원이었다. 자연생태계를 보호하고, 야생동물을 관찰하고 연구하는 일을 했다. 제2의 삶을 선물 받았다고 생각할 정도로 더 많은 관심과 열정이 생겼고 그들이 사는 핵심 생태계인 국립공원을 보호하는 일에 매진했다. 산양도 만나고, 곰도 만나고 함께 살아가는 방법을 찾아가며 자연의 매력에 점점 더 빠져들었다.

이 책은 지리산에서 반달가슴곰과 함께 한 시간의 기록이다. 더 늦기 전에 오래된 기억을 소환한 것이다. 선명한 기억도 있지만 가물가물한 기억의 단편들까지 끌어 모았다. 조금 낯선 이야기도 흥미롭게 읽을 수 있도록 현장의 이야기를 많이 담으려 했다. 오랫동안 드러내지 않은 일들이라 간혹 작은 오류를 범할 수도 있다. 사람의 기억은 한계가 있으니 큰 흐름에서 비껴가지 않는다면 넓은 아량으로 이해해 주시길 바란다.

본격적인 이야기로 들어가기 전 간략하게 소개해보자면 우선 1장 '똥이 전하는 반달가슴곰의 사생활'은 반달가슴곰과 친해지기 위해 그들의 똥을 추적한 이야기로 시작한다. 2장 '지리산의 품으로 돌아온 반달가슴곰'은 공존을 위한 이야기로 사라진 반달가슴곰이 지리산의 품으로 돌아오는 이야기이다. 이어서 3장 '자연의 섭리를 깨우쳐준 반달가슴곰'에서는 지리산이란 환경에 적응하여 살아가는 반달가슴곰을 만난다. 마지막 4장 '반달가슴곰과 인간의 해피투게더'에서 반달가슴곰과 함께 살기 위한 희망을 이야기한다. 곰은 자연을 건강하게 만들고 여러 생명이 함께 사는 데 중요한 생태계의 연결고리이다. 이 책을 읽다 보면 반달가슴곰의 복원이 생물다양성을 높이는 데 크게 기여하고 있음을 알게 된다. 참고로 여기서 말하는 야생동물은 대부분 포유류를 의미한다. 동물의 행동이나 생태는 다른 분류군이 아닌 포유동물인 곰에 관한 일반적인 이야기이다.

책이 생명을 얻기까지 많은 분들이 도움을 주셨다. 지리산을 누비며 함께 웃고 울었던 선배, 후배들이 있었기에 가능했다. 지난 20여 년간 지리산 반달가슴곰과 함께 한 분들을 일일이 거론하며 감사인사를 전할 수 없음이 아쉽다. 보이지 않는 곳에서 묵묵히 지켜 주신 그분들이 있어 행복했다. 또한 오래된 기록과 글들을 처음부터 마무리까지 멋지게 심폐 소생시켜, 따스한 온기가 흐르게 해주신 지오북 황영심 대표님과 직원들께 감사인사를 드린다.

이 책은 가족의 끝없는 믿음과 사랑 그리고 배려가 있었기에 가능했다. 십수 년을 남들이 가고 싶어 하지 않는 오지만 떠돌았다. 야생동물과 자연생태계를 보호한다는 핑계로 가족은 매번 뒷전이었음을 고백한다. 그럼에도 항상 믿고 따라 준 가족에게 감사드린다. 아빠의 부족함을 늘 사랑으로 채워주며 두 아이를 건강한 청년으로 키워 준 아내 해윤과 불평 없이 잘 자라 준 세인과 세민이에게 감사한다. 한없는 사랑으로 부족함을 채워주시는 양가 부모님께 감사드린다. 그분들이 계시기에 쉽지 않았던 이 길을 묵묵히 갈 수 있었고 행복했다.

이 땅의 푸르름을 지키기 위해 자연으로 가는 문! 그 중심에 곰이 있다. 행복한 동행을 위해 오늘도 빛바랜 등산화 끈을 질끈 동여맨 지리산 지킴이들에게 이 책을 바친다.

2022년 9월

이배근

차 례

1부

똥이 전하는 반달가슴곰의 사생활

똥에 담긴 수십 가지 정보를 파헤쳐라

'심' 아니 '똥' 봤다

이 말을 꺼내기도 전에 낌새를 차린 사람들은 입술을 씰룩이기 시작한다. 예전이나 지금이나 어린이나 어른이나 예외가 없다. 드디어 '똥' 자가 언급되면 기다렸다는 듯 일제히 웃음보가 터지고 한바탕 난리법석이 난다.

'매화'라고 들어보셨는지? 꽃 이야기가 아니다. 조선시대 하늘같이 높아 쳐다보기도 어려운 임금님의 용변은, 감히 똥이라 부르지도 못하고 매화라 불렀다. 당시에는 왕의 용변을 매일 살피고 확인하여 건강을 진단했다고 한다. 그러고 보면 똥은 사람에게 매우 중요하다. 그런데도 '똥'이라고 하면 왠지 피하자는 생각부터 들곤 한다.

나로서는 정반대의 상황이다. 나는 똥을 찾아 우리나라 산과 들, 계곡을 헤매고 다닌다. 애석하게 아직 바다는 헤매지 않았다. 내가 찾는 녀석들이 바다에 살기도 하지만 주로 육지에 살기 때문이다. 그토록 산을 수십 수백 번 다녔는데, 산삼이나 송이버섯 같이 사람들이 찾아 헤매는 귀한 약초는 한 번도 보지 못했다. 이상하게 내 눈에는 귀한(?) 똥만 들어온다. 똥을 보면 잠시 심호흡을 하고 마음속으로 이렇게 외친다.

"심 봤다!"

동물에 대한 내 강의에는 똥 이야기가 많다. 스스로를 '똥 박사'라고 자처하면서 말이다. 사실 따져 보면 나는 똥을 주로 연구하는 사람은 아니다. 하지만 똥에 연연하는 이유가 따로 있다.

똥으로 알리는 생존신고

일반 탐방객이 산에서 야생동물을 얼마나 볼 수 있을 것 같은가. 기대와 달리 실제로 그들을 만나기는 쉽지 않다. 동물들이 많이 사라진 이유도 있지만, 사람과 동물은 활동 시간대가 다르다. 동물들은 대부분 야행성이다. 이른 새벽이나 저녁 무렵 그리고 밤에

주로 활동하고, 우리가 산을 오르는 시간대에는 휴식을 취한다. 동물들이 낮에 활동한다고 해도 사람을 보면 재빨리 숨는 습성이 있어 그들을 직접 보기란 무척 힘든 일이다.

더구나 웅장한 산세를 자랑하는 지리산에서 반달가슴곰Asiatic black bear과의 만남은 좀처럼 쉬운 일이 아니다. 어쩌다 곰과 가까운 거리에 도달하게 되더라도 눈치 빠른 녀석이 재빠르게 피하고 만다. 곰은 먹을 것처럼 자기네 기분을 좋게 하는 냄새와 사람의 손이 닿은 덫과 같이 인위적인 물건의 냄새 등 다양한 냄새를 예민하게 구별할 줄 안다. 그렇기에 그들을 직접 만나기란 말 그대로 하늘에서 별을 따는 것보다 조금 쉽다. 만약 곰이 실수로 넋을 놓고 있다가 우연히 마주치는 일(그럴 일은 많지 않다)을 제외하고는 말이다.

그렇다면 어떻게 야생동물을 찾고, 무엇으로 그들의 삶과 행동을 알아낼 수 있을까? 모든 생명체는 흔적을 남긴다. 그 흔적은 시간이 지남에 따라 시나브로 변하고 소멸하지만, 이는 야생동물이 살아있다는 증거이자, 그들의 행동을 추적할 수 있는 유일하고 자연적인 단서다. 세상에 똑같은 생명체가 없듯 그 주인들이 남긴 흔적도 제각각 다르다. 야생동물 역시 끊임없이 흔적을 남기고, 그들을 찾아다니는 나는 그 흔적을 쫓을 수밖에 없다. 그러니 야생에서 쉬이 발견되는 똥은 그야말로 나에게 최고의 흔적이다. 똥이 보이면 그 똥의 주인이 그곳에 살고 있다는 의미니 말이다!

누가 여기에 똥을 쌌나

'이거 참, 풍성한 게 덩칫값 하네.'

곰 똥을 볼 때마다 드는 생각이다. 보통 배설한 지 얼마 안 된 상위 포식자의 똥 냄새는 지독한 편인데, 반달가슴곰의 똥 냄새는 그리 심하지 않다. 곰 똥을 자세히 들여다보면 다른 동물의 것보다 유난히 식물의 씨앗을 많이 품고 있다. 고기를 주로 먹는 상위 포식자의 똥보다 냄새가 덜한 이유다.

검은 콩자반을 흩뜨려 놓은 듯 보이는 똥! 이 똥의 주인은 농가의 천덕꾸러기로 언론에서 심심찮게 소개되는 고라니다. 비슷하면서 약간 다른 모양새의 똥도 보인다. 이 똥의 주인은 한곳에 무더기로 똥을 모아서 공중화장실을 만드는 대단한 친구다. 바로 바위 타기의 명수로 이름난 산양이다. 다음으로는 주로 하천 주변에서 볼 수 있고 냄새가 비리며 물고기 가시가 듬뿍 보이는 똥이다. 누구의 것일까? 수달이다. 그럼 산속에 구덩이를 파서 똥을 누는 습성이 있는 동물은? 그건 오소리로, 그 구덩이를 오소리 똥굴이라고 부른다. 이렇듯 어떤 환경에서 어떻게 배변했는지만 잘 살펴봐도 똥 주인을 알 수 있다. 금세 알 수 있는 녀석도 있고 헷갈리는 녀석도 있으나 나는 똥이 있어 다행이라고 생각한다. 이들이 똥으로 자신이 누구인지 말해 주고 있으니 말이다.

산에 올라 똥을 못 보고 내려온 날은 허탕을 친 듯 기운이 빠진다. 사실 동물을 조사할 때 똥만 살피는 게 아닌데도 그렇다. 털,

발자국, 먹이 흔적, 보금자리, 휴식자리 등 다양한 조사를 하는데 나는 왜 이렇게까지 똥에 집착하는 걸까? 바로 똥에 담긴 무수한 정보 때문이다. 똥은 야생동물들이 어디에 사는지, 건강 상태가 어떤지, 무슨 먹이를 좋아하는지 등 직접 볼 수 없는 녀석들의 행동과 생태를 예측하고 알아내는 데 가장 좋은 단서다.

동물들은 오랜 시간을 거치면서 다양한 방식의 의사소통을 터득했다. 소리를 내 감정을 전하고, 냄새를 풍겨 정보를 나눈다. 서로의 몸짓을 보고 상대방을 이해하기도 한다. 뭐니 뭐니 해도 동물들이 자기 의사를 표현하는 가장 쉽고 확실한 수단은 배설물이다. 하지만 오줌은 액체라 금세 증발해 버려서 눈에 잘 띄지 않을 뿐더러 사람의 후각은 동물과 같지 않아 큰 도움이 되지 않는다. 나에겐 역시 똥이 제일이다. 내게 똥은 '나 여기 건강하게 잘살고 있다'라고 그들이 건네는 신호다.

 박사의 메모

반달가슴곰 똥은 사람 똥과 비슷하지만 부피가 더 크다. 냄새는 별로 나지 않고, 시간이 지나면서 검은색으로 변한다. 잠자리로 쓰는 굴 근처에는 따로 똥이 쌓여 있는 자리도 있다.

고라니와 산양 똥은 검고 타원형으로, 산양 똥이 고라니 똥보다 더 길쭉하고 크다. 수달은 물가에 있는 돌 위에 똥을 누는데, 똥이 빨리 굳어서 돌에 딱 붙어 있다. 비린내가 나고 물고기 가시가 주로 보인다.

오소리는 똥굴을 만들어 다른 오소리들에게 자신의 영역을 알린다. 오소리는 딱정벌레나 지렁이와 열매 등을 많이 먹기 때문에 똥이 질척하고 털이 없는 경우가 많다.

야심만만 탐지견 프로젝트

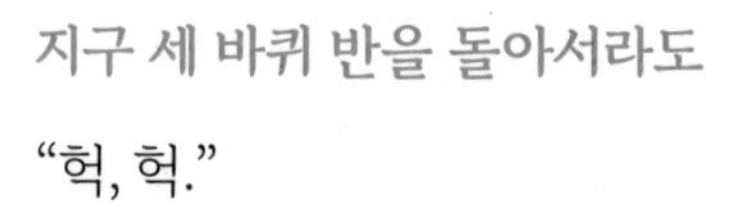

지구 세 바퀴 반을 돌아서라도

"헉, 헉."

숨이 턱까지 차올랐다. 두 발에 실린 무게가 내가 감당할 수 있는 중력의 한계를 넘어선 지 이미 오래전이다. 눈앞에 펼쳐진 무성한 조릿대밭 때문에 한 치 앞도 분간이 안 된다. 터덜터덜 무거운 발걸음을 옮겨 보지만 땀으로 범벅된 바짓가랑이가 더는 나아가지 못하게 발목을 붙잡는다. 어깨를 짓누르는 무거운 장비 배낭을 홱 벗어 두고 땅에 털썩 주저앉아 흐르는 땀을 닦았다.

저만치 들리던 곰의 신호음이 불규칙해졌다. 곰이 이동하고 있는 것이다. 다급해진 마음에 조릿대 골짜기를 겨우 빠져나왔는데 이번엔 험한 바위산이 떡하니 버티고 서 있다. 이렇듯 지리산에서 곰을 찾는 일은 그리 만만하지 않다. 그나마 방사한 곰은 자연으로 내보낼 때 부착해 둔 발신기 덕분에 찾기가 수월한 편이다. 갑자기 바위산 쪽에서 곰이 보내는 신호가 점점 커지면서 규칙적으로 잡힌다. 곰이 바로 근처에 있다는 알림이다. 이렇게 반가운 신호음이 들리면 순간적으로 몸이 지치고 다리가 아프다는 사실도 잊는다.

나와 같이 곰을 연구하고 보존하는 일을 하는 사람들은 수시로 곰을 찾아 나서야 한다. 발신기가 내는 소리를 따라다니며 오르락내리락 산을 누비다 보면 어느새 해가 뉘엿뉘엿 저문다. 곰을 찾기 위해 하루 평균 20여 킬로미터가 넘는 거리를 걷고, 매년 지구를 세 바퀴 하고도 반 바퀴를 더 도는 만큼의 거리를 차로 이동해 다닌다. 하지만 이러한 노력과 상관없이 곰이 계곡 깊숙한 곳이나 동굴로 들어가 버리기도 하고, 추적장치로 쓰는 발신기에 문제가 생겨 신호가 끊기기도 한다. 어렵게 찾아다녔는데 배터리 소진으로 추적이 되지 않아 위치를 확인할 수 없게 되는 웃지 못할 일도 생긴다. 또 원래부터 지리산에서 나고 자란 야생 곰은 애초에 위치를 추적할 방법이 없어 오로지 흔적으로만 찾아내야 하는 어려움이 있다.

그 가운데 나온 묘안이 탐지견 도입이었다. 공항에서 마약이나 폭탄을 찾아내는 탐지견이나 시각장애인이 안전하게 길을 다닐 수 있도록 인도해 주는 안내견은 고도의 훈련을 받고 현장에 투입된다. 삼성에버랜드에서 사회 공헌을 목적으로 이러한 특수견들을 전문적으로 훈련시키고 있다. 2007년 곰을 찾기 위한 야심 찬 계획으로 우리는 삼성에버랜드와 손을 잡고 탐지견 프로젝트를 수행했다.

이론과 실제의 간극

삼성에버랜드에서 마약이나 폭약 냄새를 맡는 탐지견 중 두 마리를 기증받아 곰 똥 냄새에만 반응하도록 훈련시켰다. 탐지견들은 곰 똥 냄새에 반응하고 자리에 앉아 주인인 핸들러의 명령을 기다린다. 핸들러는 개의 훈련은 물론이고 그들과 함께 활동하고 관리하는 전문가를 말한다. 곰 똥만을 찾아내는 그들의 능력에 우리는 큰 기대를 걸었다. 드디어 '파도'와 '구름'이라는 이름을 가진 두 마리의 개가 지리산에 왔다.

새로운 시도를 기념하기 위해 시범 행사를 대대적으로 열었다. 곰, 너구리, 오소리, 멧돼지, 고라니 등 산에서 볼 수 있는 동물의 똥이란 똥은 다 동원하여 미리 준비한 상자 안에 넣었다. 넓은 공터에 일정한 간격을 두고 상자를 배치했다. 먼저 파도가 핸들러의 신호에 따라 상자 안의 보물(?)을 찾아 나섰다. 파도는 곰 똥을 찾기 위해 코를 킁킁거리며 분주하게 돌아다니기 시작했다. 이 상자 저 상자 냄새를 맡더니 드디어 한 상자 앞에 꼬리를 내리고 앉았다. 정확히 정답을 맞혔다. 우리는 자리를 박차고 일어나 박수와 환호를 보냈고 신세계를 발견한 듯 흥분했다. 다음으로 구름이 출격하고 얼마 되지 않아 역시 정확하게 곰 똥을 찾아냈다. 이대로 금방 곰을 찾아낼 것 같은 자신감이 솟았다. 이제 정말로 야생에서 곰을 찾는 일만 남았다.

파도와 구름이 지리산으로 출격하는 첫날이었다. 만반의 준비를 마치고 우리는 두 마리의 탐지견과 함께 야생에 사는 반달가슴곰을 찾아 나섰다. 처음엔 산 밑과 너무 멀지 않은 곳에서 몸풀기용 수준의 탐지를 시작했다. 곰이 서식할 만한 지역에 도착하자마자 핸들러가 "찾아!" 하고 명령을 내렸다. 그들은 한시도 쉬지 않고 코를 땅에 박고 킁킁거리며 열심히 냄새를 맡으며 돌아다녔다. 정말 보기 딱하다고 할 정도였다. 한참을 이리저리 수색하던 탐지견들은 서서히 지쳐 갔고, 끝내 긴 혀를 내밀고 땅바닥에 털썩 주저앉고 말았다. 제한된 공간에서만 훈련을 받아 온 두 개가 거칠고 낯선 야외에서 그것도 잡다한 냄새가 진동하는 산속에서 너무도 부지런히 냄새를 맡고 다니다 그만 탈진하고 만 것이다. 아뿔싸, 이런 문제가 일어날 줄은 예상조차 못했다.

우리만의 길을 내야

첫 실패의 충격을 딛고 재정비 후 다시 야생 곰을 찾아 산에 올랐다. 이번엔 좀 더 확실하게 곰이 살고 있을 만한 장소를 찾아 탐지견을 풀었다. 그런데 또 문제가 생겼다. 산행 거리가 길어지고 바위가 많은 험난한 지형을 다니다 보니 다리 힘이 풀려 산을 오르지 못하고 헐떡거리는 게 아닌가. 다리가 짧은 품종은 바위를 오르거나 험한 길을 다니기에 적합하지 않았다. 결국 탐지견을 안고 업고 하면서 내려왔다. 몇 번의 기대를 저버린 후 그들은 더 이상 탐지에 투입되지 못하고 보여 주기를 위한 홍보견이 되어 버렸다. 개들의 신체구조는 광범위한 지역에서 실제 곰을 찾는 데 적합하지 않았고, 오랜 수색은 그들의 후각을 쉽게 지치게 하여 제구실을 하기 어려웠다.

결국 파도와 구름이는 삼성으로 반환되어 탐지견훈련센터에서 재훈련을 받고 마약이나 폭탄을 찾는 이들로 거듭났다. 큰 기대와 달리 탐지견 프로젝트를 더 진행할 수 없었다. 실제로 해외에서는 마을 인근이나 사람들이 있는 곳에 곰이 나타날 경우, 퇴치견을 두어 그들을 산으로 몰거나 다른 지역으로 보내는 목적으로 활용한다. 하지만 퇴치견 한 마리를 훈련하기 위해서는 많은 시간과 자본이 들고, 이들을 관리하는 조련사의 교육 또한 함께 이루어져야 한다. 그뿐만 아니라 지속적으로 조련사와 개가 함께 생활해야 한다.

이렇듯 탐지견을 프로젝트에 투입하기 위해선 철저한 계획과 준비가 필요했다. 해외에서 하는 방법이 효과적이라고 해서 무조건 따라할 수는 없었다. 우리의 환경과 조건에 맞는 방법을 찾아 적용해야 한다. 해외의 기존 자료나 연구결과로 우리에게 필요한 정보를 알아낼 수도 있다. 하지만 그곳의 모범답이 우리에게 참고사례가 될 수는 있어도 맞춤답은 아니다. 또 자연생태계에서 일어나는 문제를 해결할 방도를 찾아냈다 하더라도, 거기엔 변수가 많다는 사실을 우리는 이미 알고 있다. 그럼에도 우리는 이를 어떻게 대처해야 할지 답을 구하며 여전히 준비가 부족한 채 살아가고 있다. 인간이 자연 앞에서 겸손해야 하는 이유이다.

반달가슴곰의 연약한 소화기관

따끈따끈한 홍시

가을의 막바지, 지리산 낮은 자락의 감나무들이 겨울을 준비한다. 대부분 뼈만 앙상하게 남은 가지가 바람에 나부끼고, 아직 제 어미의 손을 놓지 못한 감들이 가지 끝에 앙상하게 매달려 있다.

이맘때 곰 똥을 생각하면 지금도 슬그머니 웃음이 나오는 일화가 있다. 2009년 늦가을 모 방송국에서 겨울잠(동면)을 준비하는 곰들의 근황을 취재하기 위해 지리산을 찾았다. 함께 곰의 흔적을 찾아다니다가 땅 위에 떨어져 산산이 부서진 '홍시'를 발견했다. 그런데 그냥 홍시가 아니라 김이 모락모락 나는 따끈한 홍시였다. 이게 곰 똥이라고 방송국 관계자에게 말했더니 안 믿는 눈치였다. 홍시 똥은 곰이 감을 잔뜩 먹고 배설한 것이다. 곰들은 소화력이 매우 약한 동물이다. 먹은 것의 30% 정도만 소화하고 나머지는 그대로 배설하는 습성이 있다. 왜 그럴까?

그 이유를 알려면 조금 먼 옛날이야기를 해야겠다. 곰의 기원은 약 4,000만 년 전으로 거슬러 올라가는데, 곰의 최초 할아버지, 할머니는 개의 조상과 같다. 즉, 오늘날의 곰은 진화론적으로 초기 개과Canidae에서 출발한다. '개와 유사한 조상동물*Cephalogale*' 조상동물 또는 조상곰ancestors bears으로부터 유래하여 약 2,400만~500만 년 전에 각각의 곰과Ursidae 동물로 분화된 8종의 곰들이 세계 여러 지역으로 넓게 퍼지면서 자리 잡았다. 그러니까 사실 곰은 개과에서 진화해 온 본디 육식을 위주로 하는 동물이다. 곰의 이빨 구조, 소화기관, 사냥 습성 등을 보더라도 곰은 영락없는 육식동물로 보인다. 지금도 고기를 주로 먹는 곰이 있는데, 바로 극한의 땅 북극에 사는 북극곰Polar bear이다. 대나무만 먹고 살아온 줄 알았던 판다Giant panda 또한 원래 육식동물이었다고 한다. 이 놀라운 연구결과를 2010년에 미국 미시간대학 생태학 및 진화생물학과 지안지 장 교수팀이 발표한 바 있다. 고기를 먹을 때 느껴지는 소위 '제5의 맛'이라고 불리는 감칠맛은 단백질을 구성하는 아미노산 중 하나인 글루탐산의 맛인데, 육식동물은 이러한 맛을 감지할 수 있는 감칠맛수용체(*Tas1r1*) 유전자가 있어서 고기를 맛있게 먹을 수 있다. 장 교수팀은 판다 역시 *Tas1r1* 유전자가 있어서 고기를 즐겼지만 약 420만 년 전에 이 유전자의 기능이 멈췄고, 700만~200만 년 전부터 대나무를 먹기 시작했다고 전했다. 또한 판다가 Tas1r1 유전자 기능이 퇴화하고 초식동물로 진화하게 된 원인을 '기후변화'를 들어서 설명했다.

"판다가 육식을 포기하게 된 때와 상당히 근접한 시기에 급격한 기후변화가 있었고 판다의 먹이인 고기가 크게 줄었는데, 그 후 또다시 기후가 변하면서 고기 먹이자원이 풍부해졌다. 하지만 판다는 더는 고기의 맛을 필요로 하지 않는 몸이 되었다."

판다뿐 아니라 우리나라 반달가슴곰도 주로 식물성 먹이를 즐겨 먹는다. 그렇다고 매일 풀만 먹는 것은 아니고 종종 곤충이나 동물의 사체도 먹고 산다. 이처럼 곰들이 변화하는 자연환경에 적응하면서 먹이를 안정적으로 확보해야 했고, 이를 위해 점차 초식을 위주로 하는 잡식동물로 진화했다. 그런데 육식을 하던 곰이 초식을 주로 하게 되면서 문제가 발생하지는 않았을까?

곰이 풀 뜯어먹는 소리

어금니가 발달한 초식동물은 풀을 오래 씹는 데 유리한 반면, 송곳니가 발달한 육식동물은 먹잇감을 사냥하고 고기를 찢는 데 유리하다. 초식동물과 육식동물은 이렇듯 이빨 구조부터 차이가 큰데, 육식동물의 구조를 지닌 곰 이빨로 식물을 충분히 씹어 내지 못하는 것은 당연하다.

무엇보다 소화기관에서 나타나는 가장 큰 차이는 위와 소장에 있다. 육식동물은 한번에 많이 먹고 천천히 소화시키는 전략을 취한다. 고기는 비교적 쉽게 소화되므로 위 구조가 복잡할 필요가 없고, 흡수도 빨리 잘 이뤄져 소장이 길지 않아도 된다. 따라서 육식동물의 위는 전체 소화기관의 60~70%를 차지할 정도로 크고 단순하며 소장도 짧다. 이에 반해 초식동물의 위는 전체 소화기관의 30%도 안 되는 작은 크기이지만 구조가 복잡하고 소장은 길다.

사슴, 소, 산양 등은 나뭇가지까지 먹기 때문에 위가 잘 발달되어 있어야 한다. 이들 반추동물은 위가 4개의 방으로 나뉘어 있어 먹고 되새김하고 먹고 또 되새김한다. 식물을 소화시키려면 이러한 구조적 도움뿐 아니라 미생물의 도움도 받아야 한다. 초식동물이 먹는 다양한 식물에는 매우 높은 비율의 셀룰로오스가 포함되어 있는데, 이 셀룰로오스는 소화가 어렵다. 때문에 미생물 효소를 통한 발효가 소화에 필수적이다. 미생물은 반추동물의 식물 소화를 도우며 그들의 위와 장에 붙어산다. 서로가 공생 관계다.

발효만으로도 모든 섬유질 먹이를 소화시킬 수 없다. 그래서 많은 위내 미생물(세균)과 효모균 등을 통해 균체단백질을 형성시킨 후 소장에서 이를 흡수하는 전략을 사용한다. 소화물은 천천히 장시간 이동해야 하므로 소장이 매우 길어질 수밖에 없다. 이러한 까닭에 육식동물의 소장은 몸 길이의 3~6배 정도인데 반해, 초식동물의 소장은 몸 길이의 10~12배 정도로 길다. 초식동물 중에도 상대적으로 부드러운 풀을 먹는 토끼나 말 같은 동물은 굳이 4개의 위를 가질 필요가 없다. 이들은 섬유질 먹이를 충분히 소화시키기 위해 대장(맹장 포함)이 잘 발달되어 있다.

육식동물의 위와 소장을 갖고 태어난 곰이 풀을 소화하고 흡수하려니 기능이 매우 떨어질 수밖에 없다. 그래서 곰이 먹는 식물의 열매는 대부분 소화가 덜 되어 나온다. 이렇게 배설된 씨앗은 발아된 뒤 풍부한 영양분(똥)과 함께 더욱 풍성하게 자란다.

지리산 생태 파수꾼

곰 똥은 씨앗을 더 멀리 더 빠르게 더 좋은 영양 상태로 퍼뜨리는 중요한 매개체다. 움직일 수 없는 식물들 대신 곰이 여기저기 돌아다니며 멀리 떨어진 곳까지 이동시켜 주는 것이다. 이것이 숲과 곰이 함께 살아가야 하는 이유이기도 하다. 그래서 곰에게 '숲의 농부', '숲의 관리자'라는 별명이 붙었다.

곰을 연구하면서 나는 실제로 곰 똥에서 나온 씨앗과 자연에서 채집한 씨앗으로 실험을 해 봤다. 곰 똥에서 나온 씨앗 발아율은 21%로, 곰의 장기를 거치지 않은 씨앗 발아율인 12.5%보다 높았을 뿐 아니라 더 잘 자랐다. 똥에서 나온 씨앗이 싹트기와 생장 상태가 훨씬 좋은 까닭은 곰의 소화작용에 있다. 소화 중 씨앗 겉껍질이 자극을 받아 휴면타파(생육을 정지하는 여러 요인이 제거되면서 다시 생육이 시작되는 현상)가 이뤄지면서 영양분 흡수가 원활해진 것으로 보인다.

곰은 씨앗 발아율뿐 아니라 씨앗 산포zoochory(확산)에도 큰 역할을 한다. 특히 새의 경우 열매를 먹고 종종 손상되지 않은 씨앗을 배출하는데, 이는 소화기관이 짧아 먹이가 다 흡수되기도 전에 배출하기 때문이다. 새는 굉장히 먼 거리를 여행하기 때문에 씨앗을 퍼뜨리는 데 가장 효과적인 동물이라 할 수 있다.

곰 역시 같은 역할을 수행한다. 일본 도쿄대 신스케 코이케伸介 小池 교수팀의 연구에 따르면 반달가슴곰은 뛰어난 씨앗 확산자로, 15~20여 시간 동안 배 속에 씨앗이 들어 있는 채로 장거리를 이동한다고 한다. 하루에 10킬로미터 이상 거뜬하게 이동하는 곰의 특성상 실제로 많은 식물이 곰 똥을 따라 이곳저곳으로 이동하면서 건강하게 자란다.

식물에겐 이롭지만 소화력이 떨어져 매번 많이 먹고 많이 배출하니 곰에게는 피곤하고 힘든 일일 것이다. 자연은 곰으로 인해 새로운 생명을 더욱 쉽게 잉태하게 되었으니 생태계 입장에서는 참으로 감사한 일이다. 한쪽의 희생으로 많은 쪽이 풍성해지니 곰에게는 미안하지만 우리에겐 다행한 일이다. 곰 똥은 자연을 건강하게 만들고 여러 생물이 함께 살아갈 수 있도록 생태계의 중요한 연결고리가 되어 생물다양성을 높이는 데 크게 기여하고 있다. 곰 똥이 어찌 귀하지 않을 수 있을까.

오늘도 곰을 만나기 위해 산에 오른다. 하지만 곰은 여전히 볼 수 없을 것이다. 곰 똥을 통해 녀석을 만나고 앞으로 바뀔 자연을 기대한다. 곰 똥에 소복하게 숨어 있는 식물 씨앗들은 지리산의 거대한 자연에 운명을 맡기고 온몸으로 노래한다. 건강하고 아름다운 자연을, 지리산을!

반달가슴곰은 편식쟁이

개보다 뛰어난 후각능력자

곰은 많은 정보를 후각으로 알아내는 냄새의 세계에 살고 있다. 즉, 코는 곰에게 가장 중요한 감각기관이다. 그렇다면 곰의 후각 능력은 얼마나 뛰어날까? 미국 야생동물 보호기관의 발표 자료에 의하면 미국흑곰American black bear의 후각 능력은 예민한 개보다 7배 정도 뛰어나다고 한다. 곰은 이런 후각으로 14시간 전 산길에 있었던 사람 냄새를 추적할 수 있다. 또 4~5킬로미터 떨어진 동물

사체 냄새를 맡아 찾아 먹기도 한다.

특히 다른 곰의 똥 냄새를 맡음으로써 그 곰이 수컷인지 암컷인지, 저보다 큰 놈인지 작은 놈인지, 짝짓기를 할 수 있는지 없는지 등을 알아내며 복잡한 의사를 표현하고 전달한다. 다른 곰 똥 냄새를 맡고 알아내는 중요한 정보 중 하나는 그 똥에서 나는 식물의 냄새를 추적하여 먹이를 식별하는 것이다. 이런 행동 특성은 지리산에 방사된 곰들이 자연에서 먹이를 찾는 데 좋은 도구가 된다. 예를 들어 새끼 곰은 다른 곰의 똥 냄새를 맡아 그 곰이 무엇을 먹었는지 파악하여 먹이 학습을 한다. 먼저 살아온 어른 곰 냄새를 쫓아 살아가는 방법을 본능적으로 터득하는 것이다. 물론 똥 냄새만으로 정보를 얻는 것은 아니다. 오줌 냄새, 몸을 비벼서 남긴 냄새, 털 냄새 등 다양한 냄새로 정보의 질을 높인다.

나 역시 곰 똥에서 많은 정보를 얻는다. 똥을 자세히 보면 곰이 어떤 것을 먹었는지부터 어떤 먹이를 더 좋아하고, 계절에 따라서 먹이 선호도가 어떻게 달라지고, 먹고 사는 곳의 주변 환경은 어떠한가까지 알 수 있다. 육안으로 식별이 안 되면 현미경으로 확인한다. 하지만 입자가 고운 식물 부스러기가 어떤 식물인지 알아내기는 쉽지 않다. 이럴 때는 분자생물학적 기법을 이용한다.

곰이 무엇을 먹고 사는지 연구하는 일은 그들을 자연에 되돌려놓는 데 아주 중요하다. 그들이 살 수 있는 자연환경을 알아야 그곳으로 보낼 수 있기 때문이다. 그래서 곰 똥을 수집하고 분석하는 것이다. 국립공원공단에서 똥을 이용해 반달가슴곰의 먹이 자원을 연구한 적이 있다. 똥을 분석한 결과, 반달가슴곰의 주요 먹이는 식물의 잎, 열매, 꽃, 줄기로, 먹이의 80%가 식물자원임이 밝혀졌다. 이 정도라면 지리산 반달가슴곰은 거의 초식만 즐기는 편식쟁이가 아닐까?

지리산의 일인자가 되려면

우선 똥으로 알 수 있는 반달가슴곰이 좋아하는 식물 먹이자원을 구체적으로 살펴보자. 반달가슴곰은 계절별로 다양한 식물을 먹는 것이 확인되었는데, 겨울잠에서 막 깨어난 곰은 참나무류, 들메나무, 조릿대 등 다양한 식물의 새순을 먹는다. 찔레꽃 줄기와 꽃, 진달래꽃도 좋은 먹잇감이다. 봄이 되면 사람들이 찾는 나물류는 곰도 즐겨 먹는다. 참취, 곰취, 고사리, 대사초 등 부드러운 식물을 먹는다. 여름이 되면 곰은 산딸기류, 뽕나무, 벚나무 등의 덜 익은 열매를 먹는다. 곰들에게는 이때가 배고픈 시기이다. 하지만 늦여름이 되면 잘 익은 머루, 다래 등의 열매를 아주 맛있게 먹는다. 가을은 곰에게 좋은 계절이다. 도토리, 잣을 비롯하여 벚나무, 다래, 층층나무, 고욤나무, 청미래덩굴 등의 열매를 먹는다. 열매와 더불어 구상나무, 단풍나무, 비목나무, 다래, 조릿대 등 다양한 종류의 잎도 즐긴다. 일일이 언급하지 못했지만 제철에 나는 식물 대부분을 먹는다.

반달가슴곰은 특히 도토리를 좋아한다. 지리산에는 도토리가 열리는 신갈나무, 졸참나무 등 참나무류가 지리산 전체 면적의 60% 이상을 차지한다. 아마도 지리산에서 살아가는 곰들은 무척 행복해할 것이다.

남한에 살지 않지만 북한 북부 지역에는 불곰Brown Bear('큰곰'이라고도 함)도 살고 있다. 반달가슴곰보다 덩치가 더 크고 힘도 더 센 만큼 육식을 좀 더 한다. 캐나다 북부와 알래스카에 서식하는 이들은 연어로 배를 채울 정도로 연어 사냥 솜씨가 탁월하다. 수백만 마리의 연어가 산란을 위해 강과 바다를 거슬러 회귀할 때가 되면 불곰은 입을 크게 벌려 연어 떼를 환영한다. 북한에 사는 불곰은 작은 동물을 먹는데, 간혹 사슴 같은 큰 동물을 사냥하여 먹기도 한다.

불곰에 비하면 반달가슴곰은 채식주의자가 확실하다. 그래도 단백질 공급을 위해 딱정벌레, 벌, 개미 등 곤충과 애벌레도 적당히 챙겨 먹는다. 가끔 족제비, 멧돼지, 각종 쥐 종류도 먹는데 이는 사냥을 했다기보다 죽은 사체를 먹은 것으로 보인다. 이를 뒷받침해 주는 연구결과를 2011년 한국환경생태학회에서 발표했다. 다섯 살이 넘은 반달가슴곰 똥에서 어른 멧돼지 털, 발톱, 뼈가 나왔고, 다른 반달가슴곰 똥에서는 새끼 멧돼지를 먹은 흔적인 뼛조각들과 발톱, 털을 발견했다는 내용이었다. 그런데 만약 곰들이 사체를 먹은 게 아닌 직접 멧돼지 가족을 사냥한 사건이었다면 어떨까? 자연생태계의 먹이사슬 관계부터 달라진다. 지금까지 반달가슴곰과 멧돼지가 먹이에 있어 대등한 경쟁관계에 놓여 있었는데, 한순간에 곰이 멧돼지보다 우위에 올라선다. 아직 명백하게 확인되지는 않았다. 하지만 사냥 습성이 있는 곰의 특성으로 미루어 만약 그러한 일이 일어난다면 반달가슴곰은 지리산에서 가장 상위에 있는 포식자가 되지 않을까 하는 상상을 해본다.

가계도의 빈칸을 메꾸다

유전자 거슬러 올라가기

똥을 보면 먼저 안심이 된다. 똥 주인이 이곳에 잘 살고 있으니 행복하고, 똥을 눈 녀석이 누구인지 알 수 있어 기쁘다. 더 흥분되는 일은 그들의 엄마, 아빠가 누구인지 알 수 있다는 사실이다. 더 나아가 할아버지, 할머니도 찾는다. 똥이나 털로 유전자 분석을 하면 모두 가능하다.

인기를 끈 미국 드라마 「CSI Crime Scene Investigation, 범죄과학수사」 시리

즈 덕분인지, 예전에는 사람들이 전문 영역으로 여겨 낯설어 하던 유전자DNA 분석법을 요즘은 편하게 이야기하는 듯 보인다. 대중의 과학 지식과 시각을 한층 높였다는 점에서 긍정적이지만, 부작용도 만만치 않다. 혈흔이나 타액, 털 등 아주 작은 흔적(증거물)만 있으면 뭐든 과학으로 분석할 수 있다는 잘못된 통념이 생겨버렸다.

동물보다 사람의 분자생물학적인 연구는 많이 진행돼 있다. 그래서 훨씬 쉽게 연구결과를 활용할 수 있다. 하지만 아직 동물은 가야 할 길이 멀다. 실제로 많은 연구가 진행되기는 했지만 원하는 답을 얻기에는 부족하다.

부모에게 물려받은 유전자는 어떤 특별한 형질을 만들어 내는 인자로서 유전정보의 단위다. 즉, 생물 구성의 가장 기본적인 정보를 포함하고 있는 두 가닥의 이중나선 구조다. 한 가닥은 아버지로부터, 다른 한 가닥은 어머니로부터 받는다. 이러한 유전자 특성을 활용하면 곰의 분류학적 위치를 확인할 수 있다. 정확한 표현은 아니지만 쉽게 말해 같은 혈통을 찾는 것이다. 이 일은 지리산에 새로운 가족을 받아들이기 위한 토대가 된다. 우리나라는 토종 곰이 멸종위기에 놓여 거의 찾아볼 수 없었기 때문에 다른 지역에서 데려와야만 했다.

유전자 분석은 곰의 혈액이나 근육 또는 털과 똥 등에서 DNA를 추출하고 유전자를 증폭(전기영동)하여 염기서열을 결정하는 과정을 통해 이뤄진다. 다양한 분석법 중 곰의 혈통을 찾기 위해 많이 사용하는 방법으로, 미토콘드리아 DNAMitochondria DNA를 분석하는 기법이 있다. 핵 DNA가 아닌 미토콘드리아 DNA로 유전자 분석을 하는 까닭은 미토콘드리아 DNA는 어머니한테서만 유전되는 특수성이 있어서 모계 혈통을 비교하여 토종 곰의 기원을 찾는 데 유용하기 때문이다. 또한 미토콘드리아 DNA가 핵 DNA보다 염기 치환이 빠르게 일어나 비교적 짧은 진화 기간에 이뤄진 DNA 변이까지도 알아내고, 이를 통해 종의 분화와 종다양성을 세세하게 파악할 수 있다. 따라서 미토콘드리아 DNA로 곰 유전자를 분석하면 아종 수준에서 근연관계를 규명할 수 있다. 물론 지금은 훨씬 더 다양한 분자생물학적 분석 방법이 개발되어 활용된다.

남한의 야생 곰과 유전적 구성이 같을 것으로 예상되는 북한 곰과 러시아 연해주 우수리 지역, 중국 동북부 지역의 곰 유전자 분석을 수행했다. 상대적으로 비교하기 쉽고 많이 연구된 부위인 미토콘드리아 시토크롬 비cytochrome *b*와 조절부위control region(D-loop region)의 염기서열을 얻어 분석한 결과, 이들 개체 간의 유전적 거리genetic distance 차이는 거의 없었다.

이러한 데이터 값은 오랫동안 한반도, 러시아 연해주 우수리 지역, 중국 동북부 지역의 반달가슴곰 개체군 간에 유전적 분화가 거의 일어나지 않았다는 사실을 뒷받침해 주고 있다. 또한 이들

지역의 반달가슴곰 개체들은 진화론적으로 일본이나 대만, 티베트, 동남아시아 등 다른 동아시아 지역 집단과는 확연히 구분되는 하나의 아종 수준으로 분류될 수 있음을 입증한다(북한 곰, 러시아 연해주 곰, 중국 동북부 곰을 진화적으로 의미 있는 단위ESU에서 우수리집단으로 묶는다. 참고로 시토크롬 비 염기서열에서 우수리집단 개체들과 티베트, 대만, 동남아시아 지역의 반달가슴곰 집단 간의 유전적 거리는 상당한 차이를 보였다. 또 다른 반달가슴곰 서식지역인 일본집단은 섬 지역이라는 고립된 특성으로 동북아시아, 티베트, 대만, 동남아시아 등의 집단과는 현저히 구분되는 미토콘드리아 유전자 염기서열을 나타냈다).

이렇게 유전자 분석으로 한반도에 살았던 우리 곰들의 후손을 찾아냈다. 한반도와 연결된 중국 동북부와 러시아 연해주 우수리 지역의 곰들이 원종(본래의 성질을 가진 종)으로 확인됐다. 그곳의 건강한 곰들이 우리나라에 새로운 둥지를 틀고 지리산을 건강하게 만들 것이란 희망이 생겼다.

유전학과 생태학의 콜라보

분자유전학은 똥이나 털의 주인이 누구인지도 알려준다. 앞서 살펴본 미토콘드리아 DNA 분석과 부모 모두에게서 물려받은 핵 DNA의 분석을 함께 비교하면 개체들의 유전적 조성 관계와 성별 등을 확인할 수 있다. 이러한 분자유전학적 연구는 인간을 대상으로 주로 행해지고, 동물 대상으로는 DNA 타이핑이 개체 식별이나 가족관계를 규명하는 데 많이 활용된다. 예를 들어 지리산 반달가슴곰의 가계도를 작성하는 데 마이크로세틀라이트 DNA Microsatellite DNA 타이핑 방법이 쓰였다.

가계도는 개체 식별은 물론 부모가 누구인지도 알려 준다. 또 지리산에 곰이 몇 마리가 살고 있는지에 대한 궁금증도 풀 수 있다. 다시 말해, 지리산에 살고 있는 곰의 개체수를 확인할 수 있는 것이다. 2013년에 태어난 새끼 곰 네 마리(세 마리의 엄마 곰에게서 태어났다)의 개체 정보를 파악하는 데 가계도가 큰 도움이 됐다. 부모를 찾기 위해 유전자를 분석했는데, 새끼 곰 한 마리의 엄마 곰이 수상했다. 지리산에 방사한 암컷들과 다른 유전자라는 결과가 나왔다. 아마도 원래 지리산에서 살고 있었던 곰으로 짐작됐다. 다른 새끼 곰들은 기존에 연구한 가계도를 통해 모두 부모를 찾았다.

현재 추적장치인 발신기를 이용하여 지리산 곰들의 개체 관리를 수행하고 있다. 하지만 이러한 추적관리는 여러모로 한계를 드러낸다. 발신기를 부착하는 과정에서 사람과의 접촉으로 곰이 스트레스를 받거나 자연적응을 하는 데 어려움이 생길 수 있고, 발신기의 배터리가 소진되면 곰을 생포해서 다시 발신기를 달아야 하는데 이는 정말 쉽지 않은 일이다. 특히 새끼 곰은 적어도 생후 7~8개월은 지나야 발신기를 부착할 수 있는데, 이 시기는 함께 있는 엄마 곰이 아주 예민해 새끼 곰의 추적 및 포획 자체가 어렵다. 따라서 자연에서 태어난 곰에게 발신기를 부착하기란 거의 불가능하다. 이러한 문제를 해결하기 위해 수집한 곰의 똥이나 털로 유전자를 분석하는 기법을 도입해 개체 관리에 이용하고 있다.

이뿐만 아니라 분자유전학적 연구를 활용하면 개체수가 적어 발생할 수 있는 유전적인 문제도 해결할 수 있다. 예를 들어 고립된 개체군이 근친교배 등으로 유전적 다양성을 저해하는 문제가 발생하면, 유전자 분석으로 이를 확인할 수 있고 해결 방안을 찾아 지리산 곰이 유전자 다양성을 이루도록 힘쓸 수 있다. 곰의 보전을 위한 효과적인 관리방안을 찾아 과학적인 대처가 가능한 것이다.

이처럼 분자유전학적 연구는 생태학적 연구와 더불어 곰이 지리산에서 잘 살 수 있도록 도와준다. 최근 두 분야의 학자들은 융합이라는 큰 울타리 안에서 곰을 비롯한 동물의 보전을 위해 함께 애쓰고 있다. 그간 풀기 어려웠던 문제들을 해결하기 위해 서로의 위치에서 연구하고 이를 공유한다. 분자유전학적 연구는 곰과의 접촉을 최소화하여 곰이 야생성을 확보할 수 있게 한다. 곰 스스로 지리산에 살 수 있는 야생동물로 성장하도록 보이지 않게 도와주는 것이다. 오늘도 연구원들은 여느 때와 마찬가지로 늘 그들 곁에서 그림자처럼 조용히 그리고 묵묵히 일을 하고 있다.

박사의 노트 1

how to 똥 도감 제작법

오늘도 야생에서 동물 똥을 수집해 내려왔다. 야생에서 만나는 똥은 그 주인을 찾는 열쇠다. 똥의 생김새와 특징으로 어떤 동물의 것인지 알아낼 수 있다.

어떤 동물의 똥인지 한 눈에 볼 수 있는 똥 도감을 제작법을 공개한다. 준비물은 간단하다. 똥, 라벨 용지, 접착제, 보관 상자 정도면 간단한 똥 도감을 만들 수 있다.

1. 우선 야생동물이 싼 똥을 잘 수집하는 것이 필수다. 이때 똥을 수집할 때 지켜야 할 주의사항이 있다. 똥을 직접 맨손으로 만져서는 안 된다. 수집하는 사람의 건강을 생각해서라도 마땅히 그래야 하지만, 유전자 분석을 해야 하는데 똥이 오염될 수 있기 때문이다.

2. 수집해 온 똥 중 형태가 잘 갖춰진 일부를 바람이 잘 통하는 그늘에 두고 말린다. 그늘과 통풍이 좋아야 똥의 형태가 온전하고 변형이 없다.

❸ 말린 똥을 종별로 정리하여 보관 상자에 접착제를 이용해 잘 붙인다.

❹ 라벨 용지를 이용해 종명과 수집 일자, 장소 등을 기록하면 똥 도감이 된다.

이렇게 만들어진 똥 도감은 연구자들의 교육과 훈련에 유용하게 쓰인다.

이번에는 똥을 물에 담가 내용물을 풀어 놓고, 체 눈이 아주 고운 것으로 걸러 준다. 체로 거른 식이물을 건조기를 이용하거나 자연 상태로 말린 후 관찰하면 똥 주인이 무엇을 먹었는지 알 수 있다.

건조된 똥으로 유전자 분석을 한다. 똥뿐만 아니라 털, 혈액, 근육 등도 유전자 분석을 하기에 좋은 시료다. 유전자 분석은 각 종의 계통분류학적 위치 및 아종 관계 등 혈통을 파악하는 데 유용하게 활용된다. 지리산에 사는 반달가슴곰의 고유 혈통은 바로 유전자 분석을 통해 확인된 것이다.

박사의 노트 2

곰의 기원과 진화

지구상에 곰은 판다Panda, 안경곰Spectacled bear, 느림보곰Sloth bear, 태양곰Sun bear, 미국흑곰American black bear, 반달가슴곰Asiatic black bear, 북극곰Polar bear, 불곰Brown bear 이렇게 8종이 살고 있다. 곰은 약 4,000만 년 전에 '개와 유사한' 조상곰으로부터 유래되어 약 3,000만 년 전에 곰과와 너구리과로 갈라졌다.

곰의 진화계통도

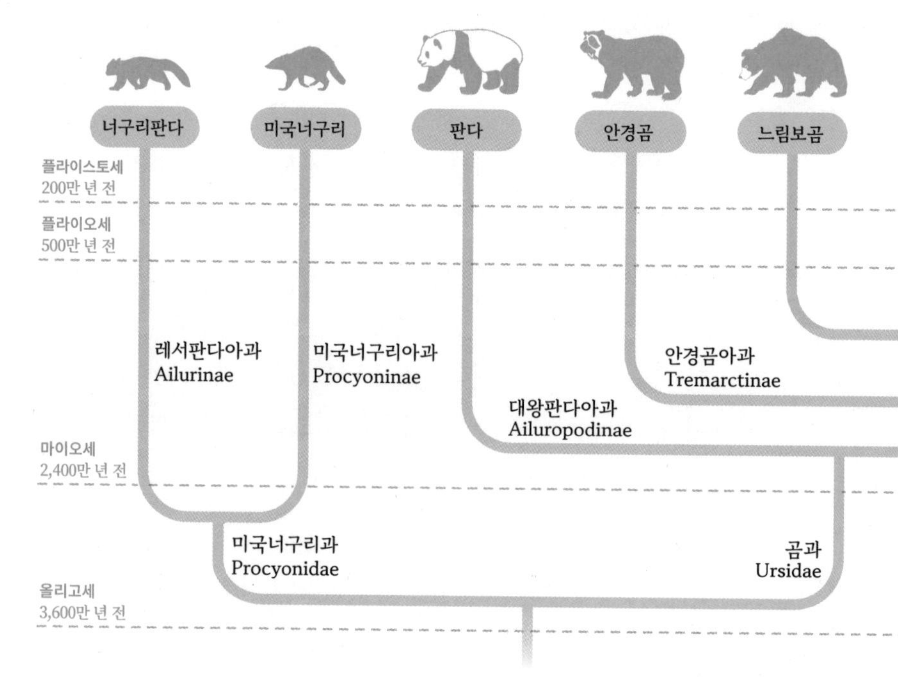

유전학적 분석으로 보면 판다가 가장 먼저 분리되어 나왔고 마지막으로 북극곰과 불곰이 분화된 것으로 나타났다. 계통분류학상 반달가슴곰과 근연관계close grouping에 있는 곰은 미국흑곰으로, 지리산에 방사한 반달가슴곰 성체는 미국흑곰의 성체와 크기가 비슷하고, 일본에 서식하는 반달가슴곰보다는 다소 큰 편이다.

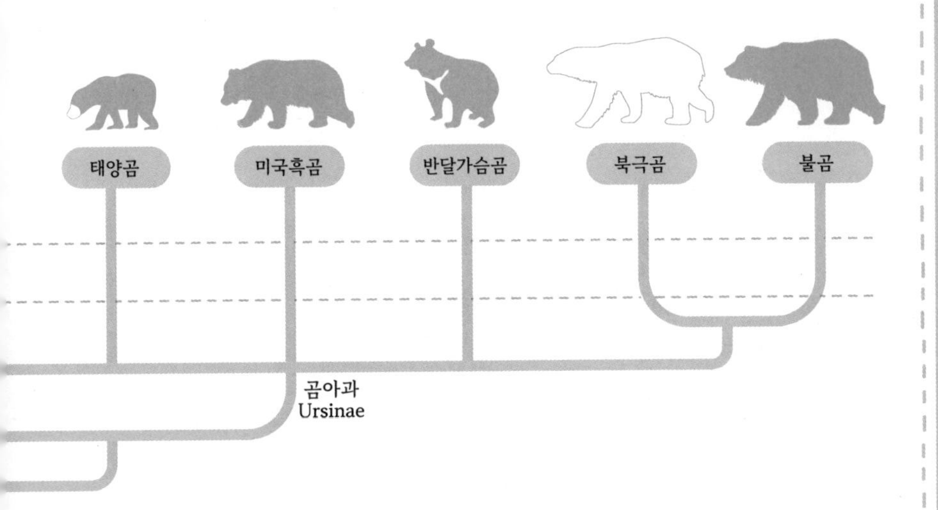

박사의 노트 3

반달가슴곰의 세계 분포

반달가슴곰(종명: *Ursus thibetanus*)은 서식하는 지역에 따라

Ursus thibetanus gedrosiaus 이란, 파키스탄

Ursus thibetanus laniger 아프카니스탄, 중국

Ursus thibetanus thibetanus 미얀마, 티베트, 네팔, 태국, 캄보디아, 베트남, 중국

Ursus thibetanus mupinensis 중국

Ursus thibetanus ussuricus 한국, 러시아 우수리, 중국 북동부

Ursus thibetanus formosanus 대만

Ursus thibetanus japonicus 일본

이렇게 7아종으로 나뉜다. 이들이 서식하는 지역은 일본, 동부 아시아, 베트남을 포함한 중남부 아시아 지역, 아프가니스탄 지역에 이른다.

이 중에서 우리나라에 살고 있는 반달가슴곰(학명: *Ursus thibetanus ussuricus*)은 북한, 중국 동북부, 러시아 연해주 아무르, 우수리 지역에 서식한다. 지리적으로 러시아 연해주와 중국 동북부는 한반도와 가깝고 생태적 환경도 비슷하다. 곰의 이동 능력은 매우 뛰어나므로 이들 지역을 종횡무진으로 다니면서 활발하게 활동했을 것이다. 유전자 분석은 이들 지역의 곰들이 같은 계통으로 유전·진화했다는 것을 뒷받침한다. 시간을 거슬러 올라갈수록 곰들의 유전자 흐름은 왕성해질 것이다.

반달가슴곰의 7아종 분포

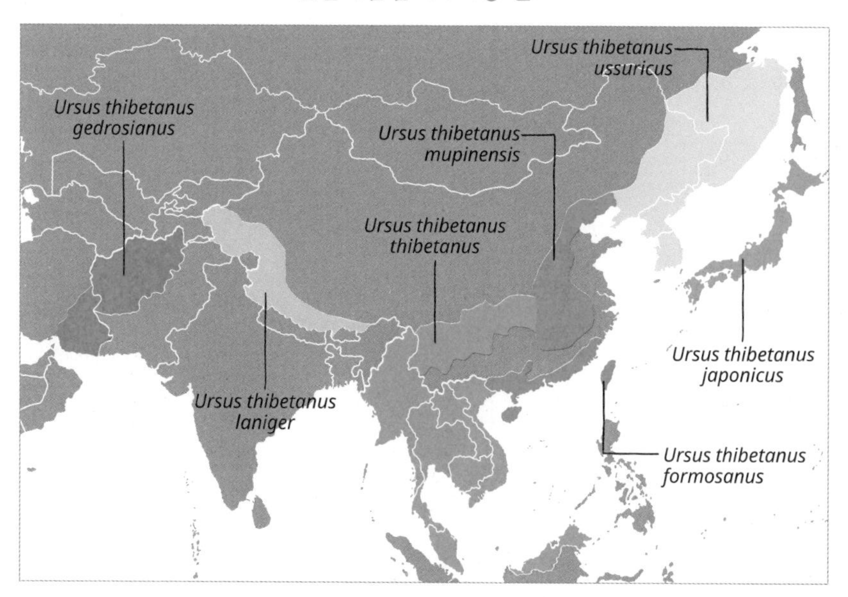

2부

지리산의 품으로 돌아온 반달가슴곰

단군신화가 실제로 일어났습니다?

웅녀의 탄생을 기대하며

"옛날 하늘나라 임금 환인의 아들 환웅이 땅 위의 세상을 다스리고 싶어 인간 세상인 태백산으로 내려왔습니다."

잘 알려진 단군신화 첫머리다. 흔히 우리 민족을 단군의 자손이라고 한다. 여기에는 역사적 측면과 사회적 측면에서 논쟁이 이어지고 있다. 나는 좀 색다르게 다른 방향에서, 과학의 측면에서 단군신화를 검증해 보려 했다.

단군신화에 대한 가장 오래된 기록은 일연의 『삼국유사』 '기이' 편에서 찾아볼 수 있다. 환웅이 인간을 널리 이롭게 하려는 선민사상과 홍익인간의 이념으로 인간 세상을 다스리던 중 곰과 호랑이가 찾아와 사람이 되게 해달라고 빌었다. 이에 환웅은 이 둘에게 쑥과 마늘을 주면서 "너희가 이것을 먹고 100일 동안 햇빛을 보지 않으면 사람이 될 수 있을 것이다."라고 했다. 곰은 삼칠일(21일) 만에 사람으로, 그것도 아주 어여쁜 여인으로 다시 태어났으나, 호랑이는 도중에 참지 못하고 동굴을 뛰쳐나가 사람이 되지 못했다. 사람이 된 곰 웅녀는 환웅과 혼인하여 아들을 낳았는데 그 아들이 바로 단군왕검이다.

여기서 곰은 쑥과 마늘을 먹고 사람이 되었다. 왜 쑥과 마늘일까? 고전문학사에서는 곰과 환웅의 혼인을 지상 존재와 천상 존재의 결합으로 보고, 우리 민족에게 신의 혈통을 부여하며 자긍심을 높이기도 한다. 이처럼 곰이라는 지상의 존재가 세속을 벗고 신적인 존재와 결합하기 위해서는 시련과 고통을 이겨내는 통과의례를 거쳐야 한다. 쑥과 마늘은 바로 이러한 통과의례에 필요한 음식으로서 상징성을 지닌다.

그런데 정말로 곰은 쑥과 마늘을 먹었을까? (그리고 사람이 되었을까?) 곰을 연구하면서 항상 궁금해하다 직접 진실을 밝혀야겠다는 생각에 실험을 계획했다. 우선 햇빛이 안 드는 동굴과 비슷한 환경을 만들어야 했다. 연구소에 곰이 겨울을 나기 위해 동면하는 내실이 있어 실험에 안성맞춤이었다. 바로 쑥과 마늘을 준비했다.

그러나 실험은 시작과 함께 맥없이 끝났다. 세상을 떠들썩하게 한 뉴스가 없었으니 웅녀의 탄생도 없었던 셈이다. 이들이 쑥은 잘 먹었지만 마늘은 먹지 않았다. 잘 아는 먹이 외에는 먹으려 하지 않는 곰의 습성 때문이었다. 쑥은 먹어 본 경험이 있지만 마늘은 그렇지 않아 먹지 않았던 것이다.

단군신화 실험의 결과

동물 행동과 진화적 관점에서 동물은 먹이에 대한 행동 습성이 유전된다는 연구결과가 있다. 새끼 동물은 본능적으로 부모 세대가 많이 경험해 본 먹이를 선호한다는 내용이다. 곰이 마늘을 먹지 않는 것도 이런 연유가 아닐까 싶다. 아주 오래전에 곰이 최초로 마늘을 먹어 봤을 때 맛이 썩 좋지 않았을 것이다. 마늘에 대한 그리 달갑지 않은 경험을 굳이 다음 후손에게 알려 줄 필요는 없다. 아니면 아예 마늘을 맛볼 기회가 주어지지 않았을 수도 있다. 마늘 재배지가 사람이 사는 마을 주변이다 보니 마늘을 맛볼 기회가 흔치 않았을 것이다.

어쨌든 엉뚱하게 보일 수도 있는 나의 실험으로 곰이 사람이 되었다는 이야기는 과학적으로 허구였음을 증명해 냈다. 물론 단군신화는 한반도 최초의 건국신화라는 점에서 민족의 기원이 담겨 있으니 과학적 접근이 필요한 것은 아니다.

이 실험을 야생동물을 주제로 한 대중 강연에서 이야기했더니, 연세가 지긋하신 한 어르신께서 "에이, 실험을 잘못했구먼!" 하셨다. 순간 당황했지만 이어지는 그분의 말씀이 더 걸작이었다.

"지금 먹는 재배마늘은 옛날 중국을 거쳐 들어온 건데, 곰이 사람 될 적에 그 마늘이 있었겠누?"

어허, 그렇다. 마늘이 언제 우리나라에 들어왔는지 자세한 기록은 없지만, 『삼국사기』에서 마늘 재배 기록을 찾아볼 수 있고 통일신라시대에도 마늘을 재배했다고 한다. 하지만 고조선이 세워질 시기에 지금의 재배마늘이 있었을 리 만무하니, 단군신화에 나오는 마늘은 지금의 재배마늘이 아니라 산마늘이라고 하는 한반도 자생식물일 가능성이 있다. 그렇게 웃고 있는데 또 다른 분이 제안을 하신다. 그럼 재배마늘이 아닌 산마늘로 다시 한번 실험을 해보란다.

"아이쿠! 아닙니다. 다시 하더라도 사람이 되지는 않습니다."

한반도의 곰들은 어디로 갔을까?

반달가슴곰들의 수난사

곰은 우리나라 문화와 역사 그리고 생태를 이야기할 때 없어서는 안 될 아주 중요한 위치에 있는 동물이다. 단군신화에서부터 우리 민족과 함께해 온 모신적 존재로서 그 상징적인 의미가 매우 크다. 곰은 오래전부터 백두대간을 따라 한반도 전체에서 활발하게 활동했다. 불과 20세기 초·중반만 하더라도 전국 산하에서 쉽게 곰들을 만날 수 있었다. 100여 년 전까지만 해도 100마리 이상이 지리산에 안정된 개체군을 유지했다. 그런데 어쩌다 토종 반달가슴곰이 멸종위기에 놓이게 됐을까?

『정호기征虎記』(야마모토 다다사부로山本唯三郎가 1917년 사냥꾼들을 모아 결성한 정호군을 이끌고 조선 팔도에서 호랑이를 사냥하고 남긴 기록)에 따르면, 1900년대 초 일제강점기 시절 '해수구제', 즉 사람에게 해를 끼치는 동물을 제거한다는 명목 아래 조직적으로 한반도의 맹수류를 말살하는 일이 벌어졌다. 늑대가 생태계 정점을 차지하던 일본에서는 호랑이나 표범을 잡는 행위가 담력과 용맹함을 내보이는 자랑스러운 일이었다. 이러한 잘못된 의식이 만든 일제의 해수구제 정책으로 한반도에서 호랑이, 표범, 늑대 등 많은 동물이 사라져 갔다.

호랑이는 100여 마리(1911~1943년)를, 늑대는 매년 100여 마리(1933~1942년)를, 표범은 늑대와 비슷한 수를 포획했다. 곰 역시 계획적으로 포획했는데, 일제 조선총독부에서 작성한 공식 기록에 의하면 1,000마리가 넘는다(당시 상황을 미루어 짐작하건대 실제로는 이보다 더 많은 수의 곰을 포획했을 것이다). 야생동물 개체수가 갑자기 큰 폭으로 줄어들어 정상적인 개체군이 자연적으로 회복되기 어려워진 상황에 이르렀다.

1945년 8월 15일, 우리나라는 마침내 억압받던 식민지에서 해방됐고 우리 민족에게 살아갈 희망이 솟아나는 듯했다. 동물들도 개체수를 회복하여 안정된 삶을 살 수 있을 것이라 생각했다.

하지만 1950년 6월 25일에 발발한 전쟁이 우리 민족뿐 아니라 동물들을 더욱 아프게 했다. 포탄이 할퀸 산하는 불타고 피폐해져 곰들은 살 곳을 잃었다.

근근이 버텨낸 곰들은 산업화에 따른 서식지 파괴와 그릇된 보신문화로 또 한 번 멸절될 위기에 놓인다. 1960~1970년대에 급속한 경제 성장을 이루기 위한 무분별한 개발로 산이 반으로 뚝 잘려 나갔다. 그 자리를 도로와 공장이 차지하면서 곰들은 또다시 오갈 데 없는 신세가 됐다.

더욱이 1970년대까지 곰 사냥이 활발하게 이뤄졌다. 연세가 지긋하신 강원도 토착민의 증언에 의하면 어릴 적 시장에 곰고기를 내다 파는 풍경이 흔했다고 한다. 산간 지역 원주민들은 반달가슴곰 고기를 개고기와 함께 추육醜肉이라 하여 잘 먹지 않았는데, 외지에서 온 사냥꾼들이 곰고기가 몸에 좋고 맛도 좋다고 하자 산간 지역 사람들도 먹기 시작했다고 한다. 여기에 1980년대 들어 만연해진 보신풍조가 더해지면서 반달가슴곰 밀렵이 기승을 부렸다. 특히 웅담을 탐하는 인간의 잔혹한 이기심은 토종 반달가슴곰에게 가장 큰 위협이 됐다. 곰 한 마리를 잡아 팔면 집 한 채는 마련할 수 있던 시절이었다.

멸종으로부터 한 발짝

농경시대에는 먹을 게 풍족하지 않았다. 특히 단백질을 섭취하기 위해 고기를 구해야 했으나 쉬운 일이 아니었다. 그래서 농사일이 없고 한가한 겨울철이 되면 본격적으로 사냥에 나섰다. 사냥은 먹을 것을 구하기 위한 일련의 노력이자 농한기를 즐기기 위한 레크리에이션으로 기능했다. 당시의 사냥에는 우리 조상들의 지혜와 올바른 자연관이 담겨 있었다. 오늘날 밀렵꾼들이 야생동물을 싹쓸이하듯 무차별하게 잡아 멸종에 이르게 하는 것과는 달랐다. 한 마리를 잡더라도 자연의 순리를 지키려 애썼다. 너무 과하지도 모자라지도 않게 사냥함이 기본이었고 어린 새끼는 잡지 않았다. 혹 잡히면 풀어 주었다. 다 큰 놈 중 일부는 다음 해 새끼를 낳아 번식하라고 놓아주었다. 한 해 사냥으로 동물의 씨를 말리려 하지 않고 다음 해에도 사냥할 수 있도록 하기 위한 현명한 처신이었다. 생태계 최고 포식자로서 자연과 공존하며 책임을 다하려 했다.

그런데 단백질 섭취가 쉬워지자 이번엔 다른 목적으로 야생동물을 마구잡이로 잡아들였다. 특히 정력 강화 등 확인되지 않은 웅담의 한의학적 효능을 맹신하여 자연에 사는 많은 곰이 희생됐다. 지리산을 비롯해 우리나라 곳곳에 터를 잡고 있던 반달가슴곰들도 웅담 채취용으로 죽어 갔다.

이처럼 일제강점기의 해수구제, 전쟁, 산업화 과정, 보신문화 등으로 어느덧 곰은 한반도에서 자취를 감춰 갔다. 1983년 5월 설악산 마등령에서 반달가슴곰 한 마리가 밀렵으로 죽었고, 더는 국내 곰에 관한 공식적인 이야기가 나오지 않았다. 1997년 국가 차원의 조사가 이뤄졌고, 최소 5마리의 야생 곰이 지리산을 지키고 있다는 사실이 밝혀졌다. 하지만 그마저도 근친교배로 20여 년이면 멸종될 우려가 있어 더 이상 방치해서는 안 된다는 결론이 나왔다. 다른 지역에서 곰들을 데리고 와 복원 사업을 추진해야만 하는 긴박한 상황이었다. 아무런 행동도 하지 않으면 지리산 반달가슴곰을 영원히 잃어버릴 터였다. 그러던 중 2000년 11월, 진주의 한 방송사 카메라에 곰이 촬영되면서 지리산 야생곰의 실체가 확인되었다. 2002년 조사를 위해 설치한 무인센서카메라에도 야생곰이 촬영되면서 복원의 불씨가 확 타올랐다.

지리산 반달가슴곰 복원 프로젝트는 단순히 지리산에 곰을 복원시키는 것만이 아니다. 지리산 생명줄을 살리고 지리산 생태계를 살리는 일이다. 이 땅에 반달가슴곰을 비롯한 야생동물들이 사라지지 않게 하여 조상으로부터 이어받은 자연자원을 후손에게 온전하게 물려주기 위해 내딛는 첫걸음이다.

아!
그대 이름은
야생동물

지리산 인싸의 고충

대한민국 자연사에 큰 획을 긋는 사건이 발생했다. 지리산 반달가슴곰 복원 프로젝트였다! 지리산 반달가슴곰을 지켜 내기 위한 몸부림이 시작됐다.

지리산에 사는 반달가슴곰 종을 보존하려면 우선 같은 혈통을 지닌 곰의 수를 늘려야 했다. 현재 지구상에는 8종의 곰이 살고 있는데, 반달가슴곰은 그중 한 종으로 세계 여러 지역에 분포해 있다. 여러 가지 과학적 검증으로 지리산 반달가슴곰과 같은 혈통의 종이 북한, 중국 동북부, 러시아 연해주 주변에 산다는 사실을 확인했다.

러시아에는 겨울철 사냥으로 엄마를 잃은 새끼 곰이 많다. 고아가 된 이들은 보호시설에서 적당한 보살핌과 함께 자연으로 다시 돌아갈 수 있도록 재활 훈련을 받으며 야생성을 지킨다. 마침 야생에서 태어났으나 우수리스크 보호시설에서 재활 훈련을 받는 어린 곰들이 있었고, 이들은 지리산의 새로운 가족이 되기에 적합했다. 2003년 9월 러시아 우수리스크 보호구와 곰의 도입, 복원, 연구를 위한 공동협약을 체결하고, 재활 훈련과 공동연구를 위해 연구원들이 교류했다. 2004년 10월 1일 모든 준비를 마치고 러시아의 어린 곰 여섯 마리가 블라디보스토크 공항에서 출발했다. 인천국제공항에 도착한 곰들은 일차적 검역을 받은 후, 이주해 온 첫 곰들로 지리산의 새 가족이 되었다.

처음 하는 복원이라 많은 사람의 호응이 필요했다. 반달가슴곰 복원의 생소함을 해소하고 참여를 독려해 함께함으로써 이 일의 중요성을 알려야 했다. 사람들의 공감을 끌어내기 위해 이름 공모전을 열었다. 많은 사람의 참여로 곰들의 이름이 정해졌다. 수컷은 천왕, 만복, 제석이라는 지리산 봉우리 이름이, 암컷은 달궁, 화엄, 칠선이라는 지리산 계곡 이름이 선정됐다. 그렇게 이름을 갖게 된 곰들은 사람들의 더 큰 관심과 사랑을 받았다. "내가 그의 이름을 불러 주었을 때/그는 나에게로 와서/꽃이 되었다"라는 김춘수 시 「꽃」의 한 구절처럼 누군가의 이름을 불러 주면 그는 우리 인식에서 의미 있는 존재가 되는가 보다. 그래서일까? 천왕, 만복, 제석, 달궁, 화엄, 칠선은 이름 없는 야생동물들과는 달리 사람들에게 반려동물이나 가축처럼 여겨지기 시작했다. 여섯 마리 곰은 어느덧 지리산 인기스타가 됐지만, 이는 사람들의 관심과 사랑이 잘못된 방향으로 가고 있음을 방증하기도 했다.

한 할머니께선 언론에 소개된 곰 이름을 듣고 천왕과 칠선 등을 보겠다며 직접 지리산까지 찾아오시기도 했고(이 정도는 애교로 봐 드릴 수 있다), 어떤 분은 추운 겨울에 곰에게 먹을 것도 안 주고 밖에서 재운다고 화를 내기도 하셨다. 그 어린것들을 풀어 놓으면 험한 곳에서 어떻게 살겠느냐는 등 순전히 사람을 기준으로 한 생각들이 우려가 되어 쌓여 갔다.

살아가는 것만으로 충분해

야생동물이란, 자연이라는 커다란 집에서 태어나 먹고 자고 놀고 사랑하고 그렇게 자연을 생활 터전으로 삼아 살다가 자연으로 돌아가는 동물을 말한다. 즉, 우리가 보듬어 주고 안아 주며 보살펴 주는 반려동물이나 집에서 먹이를 주며 관리해야 하는 가축과는 다르다.

지어 준 이름 때문인지 우연의 일치인지 천왕과 달궁은 정말

이름대로 따라갔다. 천왕이는 천왕봉 아래에서 주로 활동했고, 달궁이는 달궁계곡 주변에서 살며 잘 지내다 세상을 떠났다. 반달가슴곰들이 자연 그대로 살게 하기 위해선 우선 사람들의 인식을 바꿔야 했다.

2006년 곰이 야생동물이라는 사실을 일깨우기 위해 어려운 결정을 했다. 사람들이 지어준 곰들의 이름을 모두 개체 인식 번호로 바꿨다. 러시아에서 온 개체는 러시아의 영문 첫 자 R을, 북한에서 온 개체는 N을 부여했다. 또 암컷은 영문 'Female'의 첫 자 F를, 수컷은 'Male'의 첫 자 M을, 마지막으로 개체를 인식할 수 있는 고유번호를 부여했다. 이런 식으로 각각의 개체를 인식할 번호를 생성했다. 지금 지리산 곰들은 RF-01, NM-14 등으로 불리며 연구, 관찰되고 있다.

지리산 곰 복원은 일반적으로 동물을 사육하거나 관리하는 일과는 다르다. 사람들 대부분이 지리산에서 곰을 키우고 관리한다고 알고 있지만 그러한 방법으로는 이들을 자연으로 돌려보낼 수 없다. 곰이 자연의 일부가 되어 스스로 살아갈 수 있을 때까지 도와야 한다. 관리가 아닌 최소한의 도움을 주는 것뿐이다. 지리산에서 스스로 먹이 활동을 하고 겨울잠을 자면서 겨울이란 큰 어려움을 이겨내고, 건강한 어른이 되어 새끼를 낳고 살아가면 그것으로 충분하다.

그때가 오면 RF-01이나 NM-14 같은 거추장스런 개체 인식

번호도 자연스레 사라지고 단지 곰이라는 이름으로 지리산을 누빌 것이다. 진정한 야생동물로 거듭나는 것이다.

사람보다
먼저 건넌
철조망

반달가슴곰 복원의 첫 발자국

남북이 갈라진 지 반세기가 훌쩍 지났다. 남북의 단절은 우리 민족에게 너무도 큰 시련이었다. 고향을 바로 앞에 두고도 가지 못한 채 인고의 세월을 보낸 이들이 많다. 국가적 대업인 '이산가족 상봉'이 이뤄질 때마다 눈물로 고향과 가족을 찾는 실향민들의 설움이 커져만 가고 있다. 북한은 가장 가깝고도 먼 곳, 갈 수도 없는 곳이 돼 버렸다. 사람만의 문제가 아니다. 동물들도 가로막힌 철장을 뚫으려면 큰 희생을 치러야 한다. 이렇게 남과 북의 사람과 자연 모두가 고립된 채 시간이 흘렀다.

단군의 후손이 수천 년 살아온 터전, 한반도가 한민족의 의지가 아닌 강대국들 간 힘의 논리로 두 동강이 나고, 비무장지대 demilitarized zone, DMZ라는 상처받은 땅이 생겨났다. 사람은 밟을 수 없는 그 지대를 2005년 4월 14일 평양 출신의 곰들이 먼저 밟았다. 남북이 분단된 지 60년 동안 사람이 해내지 못한 남북통일의 꿈을 곰들이 먼저 실현한 셈이었다.

두번째로 지리산의 새로운 가족이 된 곰들은 2004년 1월 북한의 평양 중앙동물원 산하 대성농장에서 태어났다. 대성농장은 자연에서 구조하거나 포획한 곰들을 관리하는 곳이다. 이곳에서 관리한 야생성이 살아 있는 곰들은 동물원 등에 보내지거나 동물 교류에 활용된다. 서울대공원 100주년을 맞아 평양 중앙동물원과 동물 교류를 진행했는데 그 일환으로 곰 8마리가 서울대공원에 왔다.

서울대공원 동물원은 우리나라 야생동물의 보전을 위해 다양한 노력을 하고 있다. 특히 멸종위기에 처한 동물들을 보전하기 위해 유전자와 호르몬을 분석하고, 이들을 증식시켜 자연에 돌려보낸다. 유전자 분석은 순종 보유와 유전적 다양성을 유지하기 위함이고, 호르몬 분석은 번식을 향상시키기 위함이다. 또한 동물의 스트레스 정도를 측정하고 관리한다. 스트레스를 덜 받게 하기 위해 무료함을 달래 주고, 야생에서처럼 다양한 행동을 할 수 있도록 프로그램을 개발해 운영하기도 한다.

이처럼 서울대공원 동물원에서는 야생에서 개체수가 적어 그대로 두면 멸종할 우려가 있는 종들의 수를 늘리기 위한 활동을 한다. 이러한 기관을 '서식지외보전기관'이라 한다. 서식지 내 보전은 야생동물이 사는 지역에서 이뤄지지만, 서식지 외 보전은 말 그대로 서식지가 아닌 곳에서의 종 보전 노력이다. 동물원, 수족관, 유전자은행, 동물연구소 등 다양한 곳에서 서식지 외 보전이 이뤄지고 있다.

이러한 보전 기능을 맡고 있는 서울대공원에서 북한 곰 8마리를 지리산에 보냈고, 국립공원공단은 이들을 맡아 재활 훈련과 자연적응 교육을 하고 방사했다. 이러한 시도는 서식지 외 복원을 하는 '서울대공원 동물원'과 서식지 내 복원을 하는 '국립공원'의 공동연구 그리고 종 보존의 초석을 다지는 의미 있는 노력이었다. 드디어 2005년 7월 남북의 곰들이 만났다. 남한과 북한의 곰들이 함께 지리산을 누비게 된 것이다.

반달가슴곰 출생의 비밀

그 후 러시아 연해주, 중국 동북부 등에서 53마리(2020년 기준)의 곰이 더 들어왔다. 이들은 자연적응 훈련을 마치고, 건강성과 야생성 등을 평가받은 다음 지리산 자연의 품에 안겼다. 이들은 별 무리 없이 지리산에 적응하면서 성장했다. 하지만 꿀 재배 농가에 꾸준히 찾아가 피해를 입히는 녀석들과 사람들이 주는 먹이에 익숙해져 야생 활동이 어려워진 곰들은 회수되거나 죽기도 했다. 그래도 잘 자라 준 곰들은 2009년 야생에서의 첫 출산을 시작으로 2016년 30마리의 새끼를 낳았다.

처음 고향을 떠나 먼 곳에서의 외로운 생활을 시작한 1세대 곰들이 2세대 곰들을 출산하고, 다시 2세대 곰들이 무럭무럭 자라 3세대 곰을 출산했다. 그런데 아직도 풀리지 않은 출생의 비밀이 있다. 한 엄마 곰에게 태어난 새끼 곰 두 마리 중 한 마리의 아빠 곰이 의심스러웠다. 새끼의 털과 배설물을 이용해 유전자를 분석했는데 한 마리의 아빠가 우리가 알고 있는 곰이 아닌 다른 혈통으로 확인됐다. 야생 곰의 새끼일 수도 있지 않을까 하는 기대가 생겼다. 곰은 착상지연이라는 생물학적 특성이 있다('착상지연'은 3부에서 자세히 다룬다). 그래서 한 엄마 배에서 두 아빠의 새끼들이 나올 수 있다. 실제 해외 연구에서 아빠가 다른 새끼 곰들이 동시에 출산됐다는 보고가 있다.

개성이 다양한 곰들이 지리산을 지키며 오늘도 살아가고 있다. 그들로 이곳이 더욱 푸를 수 있고, 우리는 더 많은 동식물과 함께 살아갈 수 있다.

인간에 길들여진 천왕이

인증샷과 예쁜 짓

2007년 6월 천왕봉을 오르던 탐방객으로부터 긴급한 메시지가 들려왔다. 산 정상으로 가는 길에 큰 곰 한 마리가 길을 막아 오를 수 없다는 것이다. 사람들에게 피해가 갈 수도 있는 상황이었다. 곰을 데리고 내려와야 했다. 그러려면 가장 먼저 무엇을 해야 할까? 헬기 요청? 119 지원 요청? 아니면 국립공원 직원들 소집일까? 아니다. 단지 라면 10봉과 김밥 20줄을 준비하는 것이다. 서둘러 준비물을 챙기고 연구원 두 명과 함께 해발 1,650미터에 있는 곰을 찾아갔다.

지리산에서 유명한 하동바위를 지나자 곰이 떡하니 우리를 기다리고 있었다. 멀리 크고 검은 그림자는 천왕(RM-02)이었다. 천왕이는 2004년 10월 처음으로 러시아에서 지리산으로 이사온 수컷 곰이다. 당시 지리산에 함께 온 나머지 5마리는 노고단 근처를 기점으로 자연에서 먹이 활동을 하면서 잘 살고 있었다(그들은 지리산 노고단에 입성했다). 하지만 녀석은 노고단에서 30여 킬로미터 떨어진 이곳 천왕봉으로 와서 자신만의 터전을 만들었다. 그리고 친구들과는 다른 방식으로 지리산에 적응했다.

우선 천왕이는 자연에서 먹이를 구하려 하지 않았다. 탐방로 옆길에서 지나가는 사람들에게 먹이를 구걸했다. 아니, 가만히 있어도 사람들이 먹이를 주었다. 명산에 와서 곰을 보는 것만으로도 사람들은 삼대가 쌓은 덕이라 생각했다. 사람들은 곰을 더 보기 위해 먹을 것을 던져 주었다. 특히 인증샷이라고 하며 사진 찍기를 좋아하는 요즘 사람들은 곰이 조금만 멀어져도 먹이를 던져 유인하기 바빴다.

천왕이는 그렇게 지리산에서 첫해를 보냈다. 동면이라는 특수한 겨울나기를 하는 곰은 추운 계절을 보내고 나면 지난해의 기억을 많이 잃어버린다고 한다. 그래서 천왕이가 동면하고 난 다음 해에는 다른 친구들처럼 스스로 먹이 활동을 하면서 지리산의 일원이 되리라 기대했다.

첫해 30여 킬로그램이었던 천왕이는 이제 더 이상 새끼 곰이 아니었다. 몸무게도 60킬로그램을 넘어섰고 활동도 활발해졌다. 하지만 지난해와 마찬가지로, 아니 그보다 더욱 발전한 모습으로 천왕봉을 중심으로 탐방로에 나타나 산을 찾는 사람들에게 먹이를 구걸했다. 나무 위에서 사람들에게 포즈를 취하며 예쁜 짓(?)을 하고 때론 불쌍한 표정까지 지어 가며 사람들의 환심을 샀다. 사람들은 열광했고 먹을 것을 더 많이 제공했다. 결국 천왕이의 자연적응을 돕기 위해 그가 처음 지리산에 왔을 때 풀어놓은 노고단 지역으로 이주시켰다.

먹이를 주지 마시오

하지만 보름 만에 천왕이는 익숙한 자기 영역으로 돌아갔고, 다시 탐방로에 나타나 맛있는 먹이 사냥에 나섰다. 사람들은 돌아온 영웅을 더욱 반겼고 천왕이의 편안한 생활이 다시 시작됐다. 그토록 사랑받던 천왕이는 두번째 해가 지나면서 서서히 귀여움이 사라졌고 사람들에게 충분히 위협을 가할 만큼 커다란 덩치의 청년 곰이 돼 가고 있었다.

자연에서 살아가는 방법을 알려 주기 위해 다시금 천왕이의 자연적응 재활 훈련을 진행했지만 천왕이는 여전히 쉬운 먹이 활동을 했다. 그렇게 두번째 동면을 하고 새로운 해를 맞이했다. 청

년이 된 천왕이는 이제 더는 귀여운 존재가 아니었다. 하지만 그는 여전히 사람들에게 먹이를 구걸했고 그 자리에 있었다. 두려움을 느낀 탐방객들은 더 이상 산행을 하지 못했고 이런 일들은 시간이 지나면서 더욱 잦아졌다.

결국 천왕이의 회수가 결정됐고, 나는 천왕봉으로 가는 하동바위에 서 있었다. 손에는 라면 10봉과 김밥 20줄이 있었고 두 명의 동료가 함께했다. 160킬로그램의 천왕이를 다루기가 쉽지 않을 듯했다. 하지만 사람 음식에 익숙해진 천왕이는 던져 주는 김밥을 넙죽 받아먹으며 우리를 따르기 시작했다. 때론 김밥을 때론 라면을 던지면서 한 발 한 발 하산을 시작했다. 천왕이와 더불어.

천왕이는 잘 따라오다가 가끔 샛길로 빠져 무언가를 찾았다. 코를 킁킁거리며 한참을 찾은 것은 사람들이 버리고 간 음식물 쓰레기였다. 간혹 양심적이지 못한 사람들이 산에 쓰레기를 두고 간다. 보는 눈을 의식해서인지 꼭 찾기 어려운 바위 밑이나 나무 밑에 버려두곤 하는데, 천왕이는 대단한 후각 능력을 발휘해 용케도 그걸 찾아 먹는다.

어렵사리 천왕이를 야영장까지 데리고 왔다. 아침 일찍 산에 올랐는데 해넘이 시간에 도착했다. 곰이기를 거부한 천왕이를 하루 종일 겨우겨우 유인하여 데리고 왔다. 가슴 한구석을 도려낸 듯이 아프고 슬픈 하루였다.

수의사들은 천왕이가 오는 것을 기다렸다가 마취를 했다. 마취된 녀석은 순순히 입을 벌렸다. 그의 이빨을 본 순간 정말로 화가 났다. 42개의 이빨 중 20개 이상이 썩어 제 형태를 잃어버렸다. 자연에서 나는 먹이는 입자가 굵고 치아에 잘 붙지 않기 때문에 야생동물의 이빨은 대개 크게 상하지 않는다. 하지만 사람의 음식은 치아에 잘 붙고 미세하게 분해돼 치아 사이에 곧잘 끼는데 이가 썩기 십상이다. 특히 산을 오를 때 흔히 챙겨오는 김밥, 초콜릿, 초코파이는 충치의 주범이다.

야생동물에게 무심코 먹이를 던져 주는 것은 자연에서 살아가는 방법을 잊게 하여 더 이상 스스로 살아갈 수 없게 만드는 위험한 행동이다. 지금 천왕이는 본래 살아가야 하는 자연이 아닌 인공 보호시설인 자연학습장에서 살고 있다. 자연의 일원이 되기를 기대했지만 지리산의 식구가 되지 못했다.

천왕이가 지리산에 온 것은 그가 스스로 선택한 길이 아니었다. 러시아에서 사냥꾼에 의해 엄마를 잃고 생명을 부지하고 있던 그에게 재활 훈련을 시키고 자연으로 되돌려 놓으려 했던 것도 우리 인간이다. 하지만 천왕이의 운명을 자연스럽게 바꿀 수는 없었다.

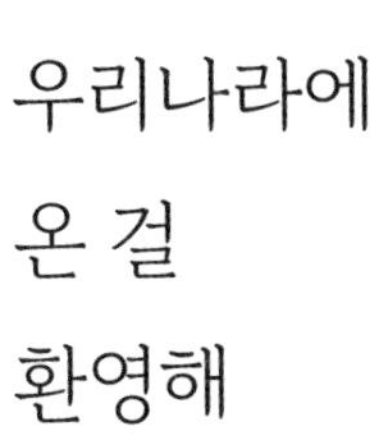

우리나라에 온 걸 환영해

살아남은 아기 곰들

2007년 9월, 설레는 맘을 안고 인천국제공항으로 달려갔다. 사람들이 타고 내리는 공간이 아닌 화물을 실어 내리는 곳의 분위기는 내가 아는 공항과 사뭇 달랐다. 도착한 비행기에서 내려오는 화물들은 기다리는 주인을 향해 분주하게 옮겨졌다. 항공기의 굉음과 화물을 실어 나르는 차량이 내는 여러 마찰음, 짐을 옮기는 사람들이 북적대는 소리가 조화롭게 어우러져 내 귀에서 웅장한

심포니가 됐다. 빼곡한 주변 풍경까지 더해지자 내 머릿속에서 무대 배경이 꽉 찬 멋진 오페라가 됐다. 러시아에서 들어오는 비행기를 기다리는 시간 내내 난 이렇게 들떠 있었다. 온 신경은 오직 곰이 들어오는 입구만을 향했다.

시간이 한참 지나고 나서야 기다림이 끝났다. 가을 밤공기는 제법 선선했지만 곰을 찾아 동분서주한 탓인지 얼굴과 등에는 땀이 계속 흘러내렸다. 러시아발 비행기는 제시간에 들어왔지만 곰은 없었다. 뭔가가 잘못됐음을 직감했다. 머릿속이 하얗게 바뀌고 아무 생각도 할 수 없었다.

다른 나라에서 곰을 들여오는 일은 만만치가 않다. 특히 행정 업무 처리 때문에 남모를 고충을 겪을 때가 많았다. 9월에 공항에 나타났어야 할 곰들이 우여곡절을 거쳐 한 달 뒤인 10월에 모습을 드러냈다. 애끓은 남의 속도 모르고 천진난만하기 그지없는 새끼 곰들은 러시아 연해주의 우수리스크 보호구 곰 재활센터에서 왔다.

우수리스크 보호구 곰 재활센터는 블라디보스토크에서 차로 서너 시간은 달려야 도착할 수 있다. 곰 재활센터로 가는 길은 자연 그대로의 것으로, 오프로드를 달려야 한다. 곰 재활센터에서는 자연적응 훈련장을 만들어 놓고 주로 새끼 곰들을 양육한다. 보호구 주변에 울타리를 설치했으나 곰들은 이 어설픈 울타리를 자유롭게 넘나들 수 있다. 울타리는 단지 외부의 다른 동물로부터 새끼 곰을 보호하기 위한 경계일 뿐이다. 그야말로 자연 그대로인 곳이다. 이곳의 새끼들은 사냥꾼이나 호랑이 등의 다른 야생동물에게서 엄마를 잃은 고아 곰이다. 일정 기간 이유(젖을 뗌) 과정과 자연적응 훈련을 거쳐 야생으로 돌려보낸다.

어찌 보면 이러한 고아 곰 재활 프로그램을 통해 죽어 가는 생명을 살려 다시 자연으로 돌려보내는 일 또한 인간의 오만일 수 있다. 자연에서 태어나 자연에서 죽는 것이 가장 이치에 맞지만 개체수가 크게 줄어든 종들은 위태롭다. 그 수가 너무 적어 사라질 위기에 있는 종들은 우리 연구원들의 개입이 필요하다. 우리는 그들에게 살 수 있는 공간을 마련해주고, 개체수를 유지할 수 있도록 돕는다. 이러한 노력 하나하나에서 공존이 시작된다.

그렇다고 해서 자연 흐름에 따라 먹고 먹히는 관계를 부정하지는 않는다. 야생동물 대부분은 연약한 새끼로 태어나 성체가 될 때까지 살아남을 확률이 높지 않다. 성체의 생존율도 먹이환경이나 주변 위험요인에 따라 다르긴 하지만 전반적으로 그리 높은 편은 아니다. 해외에서 수행한 연구결과에 따르면 새끼 곰의 생존율은 서식환경에 따라 다르지만 30% 정도로 알려져 있다. 새끼가 태어나고 자라는 과정에서 일부가 죽고, 살아남은 개체들 중 일부는 천적에 의해 죽는다. 이렇게 위험을 극복하고 살아남았다 해도 먹이가 부족한 시기나 겨울철 동면을 거치면서 또 일부가 죽는다. 이런 연유로 곰이 수명을 다할 수 있는 확률은 낮다. 문제는 사람이 이 확률을 더 떨어뜨려 자연의 균형, 안정, 건강이 흐트러질 위기에 처한 것이다.

지리산의 새로운 구성원

현재 반달가슴곰은 국제적 멸종위기종이다. 우리나라에서만이 아니라 국제적으로 보호한다는 의미다. 이런 생물 종이 국가 간 이동을 하려면 CITES에 따른 허가를 받아야 한다. CITES란 '멸종위기에 처한 야생 동·식물의 국제 거래에 관한 협약Convention on International Trade in Endangered Species, CITES'으로, 국제적 수준에서 생물 종을 보호하는 가장 중요한 협약이다. 주요 내용은 멸종위기종의 국제적인 불법 거래를 금지한다는 것이다. CITES에 국제적으로 통제하고 감시해야 할 종의 목록을 명시해 놓고, 목록에 있는 종들의 거래를 제한하고 파괴적인 이용을 막고 있다.

반달가슴곰 역시 CITES 목록에 기재된 종이다. 그래서 러시아에서 곰을 데려오려면 우선 러시아 정부를 통해 CITES 허가를 받아야 한다. 연해주, 즉 블라디보스토크에서 러시아의 수도인 모스크바까지는 먼 거리다. 더욱이 국가 간의 행정 업무 처리는 국내만큼 빠르지 않다. 원활한 일 처리를 위해 서둘러 러시아 현지 연구원을 통해 행정 절차를 밟았다. 2007년 2월 말 CITES 허가를 받고 순조롭게 곰의 도입이 진행되는 듯했다. 일찌감치 행정 부분을 해결해 놓아 확보된 곰들을 맘 편히 양육시키고 재활 훈련을 받게 할 수 있었다. 9월에 새끼 곰들이 항공기에 실려 블라디보스토크 공항에서 인천국제공항으로 운송된다는 전갈을 받았다. 하지만 곰이 오지 않았다.

급한 마음에 러시아 통역사를 통해 전화를 걸었다. 당혹스럽게도 CITES 허가가 잘못됐다는 답변이 돌아왔다. 언뜻 이해가 되지 않았다. 그렇지 않아도 이런 문제가 생길까 봐 서둘러 미리 허가를 받았는데 말이다. 정말 막막했다. 자연적응 훈련을 거쳐 먹이가 풍부한 가을철에 자연으로 돌려보내려면 곰이 제시간에 와야 했다.

도대체 왜 허가를 취소한 걸까? 알아보니 그해 2월의 마지막 날은 28일이었는데 허가서에는 2월 29일로 기재돼 있었다. 어쩌다가 이런 일이 발생했는지는 모르겠지만, 공항에서는 서류가 위조된 것이라 여겨 곰을 보낼 수 없었던 것이다. 서둘러 다시 허가를 받는 수밖에 없었다. 애를 태웠던 곰은 그다음 달인 10월에 들어왔다. 조금 늦었지만 다행히 11월 초에도 먹이가 풍부했고, 지리산은 그렇게 또 한 번 새로운 구성원을 맞이했다.

지리산에
부활한
반달가슴곰

반달가슴곰을 복원한다는 것

2004년 반달가슴곰을 살리기 위한 프로젝트가 지리산에서 시작됐다. 이를 위한 사전 준비과정도 있었다. 1982년 11월 문화재청에서 한국의 반달가슴곰을 천연기념물 제329호로 지정했고, 1998년 2월 환경부에서 멸종위기 야생생물로 지정해 국가적 차원의 보호를 받게 됐다. 반달가슴곰 복원 프로젝트를 본격적으로 시작하기 전 시험방사를 통해 곰의 적응과 생존 가능성을 확인했다.

'복원'이란 단어가 훼손된 상태를 원래로 되돌리는 일을 뜻한다면, '종의 복원'은 종의 원상회복을 뜻한다. 즉, 해당 종의 생물이 스스로 자연에 적응하며 살아가는 개체수가 원래대로 안정적으로 확보되는 일을 의미한다.

자연으로 개체를 돌려보내기 위해 먼저 고려해야 할 몇 가지 중요한 사항이 있다. 왜 그 종을 복원하는가에 대한 이유가 필요하다. 그 이유가 타당하여 복원이 결정되면 어떤 대상 개체를 선정할 것인지, 어디로 돌려보낼 것인지, 자연에 방사하기 전에 어떤 과정을 거쳐야 하는지, 방사 후 개체들은 잘 적응하고 있는지, 사람과 갈등은 어떻게 해결해야 하는지 등을 고민해야 한다. 어떤 야생생물이 멸종한다는 것은 그 종이 차지하던 생태적 지위가 상실된다는 의미다. 멸종했거나 멸종위기에 처한 종 복원은 생태계 건강성을 회복한다는 큰 의미를 가진다. 반달가슴곰 복원 프로젝트는 국가적 차원에서 최초로 추진한 대형 멸종위기 야생생물 증식·복원 사업이다.

반달가슴곰을 위한 질문

곰이 자연으로 가는 길을 열기 위해 앞서 질문들을 던져본다. 왜 곰을 복원하는가? 2000년대에 들어서 야생 곰은 5마리 정도밖에 남지 않았고, 이대로 있다가는 우리나라에서 곰이 사라질 것이다. 이들은 먹이사슬에서 1차 소비자, 2차 소비자, 최상위자 등 다양한 위치를 차지하며 자연생태계 유지와 생물다양성 보전에 크게 기여하는 핵심종이다. 그렇기에 곰을 살리는 일은 곧 생태계를 살리는 일이다.

어떤 대상 개체를 선정할 것인가? 유전자 검사 결과, 우리나라 곰은 중국 동북부와 러시아 우수리스크 지역까지 한 무리로 분류된다. 우수리집단이다. 따라서 러시아와 중국 그리고 당연히 같은 종인 북한 개체를 선정하면 된다.

어디로 돌려보낼 것인가? 지리산이다. 지리산은 우리나라에서 가장 큰 국립공원으로 식물이 풍부해 반달가슴곰에게 넉넉한 먹이자원을 제공할 수 있으며, 계곡과 암벽지역이 있고 능선도 잘 발달해 곰이 살기에 정말 좋은 공간이다. 무엇보다 지리산에는 몇 안 되지만 야생 곰이 살고 있어 토종 반달가슴곰의 유전자를 보존하면서 반달가슴곰 복원 프로젝트를 수행하기에 적합한 장소다.

러시아와 중국, 북한에서 데려온 곰을 자연에 방사하기 전에 어떤 과정을 거쳐야 하는가? 곰이 자연으로 가기 위해서는 자연적응을 위한 재활 훈련이 필요하다. 지리산과 같은 환경에서 살아가기 위한 다양한 훈련을 수행하고 야생성 평가를 거친다. 그렇게 야생성이 있는 개체만 지리산에 방사한다.

자연으로 돌려보낸 후 잘 적응하고 있는가? 복원을 하면서 가장 어렵고 힘든 부분이다. 방사만으로 곰이 자연으로 돌아갔다고 볼 수 없다. 어떻게 살고 있는지, 잘 살고 있는지 모니터링이 필요하다. 이렇게 관찰하여 곰의 적응 과정을 연구해야 한다. 연구 결과는 성공과 실패에 관계없이 잘 활용해야 한다. 성공한 결과만 필요한 게 아니다. 실패한 결과도 우리에게 주는 교훈이 크다. 잘 분석해서 다른 복원 과정에 활용해야 한다.

사람과 갈등은 어떻게 해결할 것인가? 야생동물 복원을 위해 가장 중요한 것은 사람들과 공감대를 형성하고 지역적 이해를 구축해야 하는 것이다. 사람들이 복원의 중요성을 인지하지 못하면 그 일은 성공하기 어렵다. 특히 지리산 마을에 사는 주민들의 이해가 가장 필요하다. 곰은 본디 지리산에 있었고, 우리 인간도 지리산을 이용하는 한 종에 지나지 않는다. 사람과 곰이 함께 지리산의 주인이라고 생각한다면 모든 개체가 지리산에서 공존해 나갈 수 있을 것이다.

반달가슴곰 복원 프로젝트가 성공하기 위해서는 대상 개체, 서식지, 사람이라는 세 바퀴가 잘 맞물려 돌아가야 한다. 어느 한 바퀴만 삐거덕해도 성공할 수 없다. 마지막으로 이 세 바퀴에 희망과 열정이 달리면 비로소 곰이 자연으로 가는 길이 열린다. 곰이 지리산을 넘어 우리나라 자연에 두 발을 딛고 살아갈 수 있다.

2004년 러시아에서 온 6마리를 시작으로 2021년 말 기준 74마리의 반달가슴곰이 지리산 등 자연에 있다.

 **박사의 노트 4**

반달가슴곰 복원 프로젝트 연대표

1982년 11월
문화재청에서 반달가슴곰을 천연기념물 제329호로 지정

1993년 6월
한국 CITES에 가입, 1996년 반달가곰을 CITES 부속서 I 에 등재

1997년 5월
지리산 야생동물 생태계 정밀조사 연구 (~1999. 12.)

1998년 2월
환경부에서 반달가슴곰을 멸종위기 야생생물로 지정

2000년 12월
반달가슴곰 전담팀 발족, 반달가슴곰 보전 대책 수립

2001년 9월
지리산에 반달가슴곰 4마리 시험방사 (G7 국가연구사업)

2002년 11월
야생 반달가슴곰 촬영(국립공원관리공단 반달가슴곰 관리팀)

2003년 9월
러시아 우수리스크 보호구와 '반달가슴곰 공동연구 협력 협약' 체결

2004년 5월
복원 전 시험방사(4마리) 종료

2004년 10월
러시아 연해주 반달가슴곰 새끼 개체 6마리(암컷 3, 수컷 3) 도입, 자연방사

2005년 4월
북한 평양중앙동물원 8마리(암컷 4, 수컷 4) 도입

2005년 7월
북한 8마리 자연적응 훈련장에서 자연방사

2005년 9월
러시아 연해주 반달가슴곰 새끼 6마리 도입(암컷 4, 수컷 2)

2005년 10월
러시아 연해주 6마리 산청군 일대에서 방사

2007년 10월
러시아 연해주에서 반달가슴곰 6마리 도입(암컷 4, 수컷 2)

2007년 11월
러시아 연해주 6마리 산청군 장당골 일대에서 자연방사

2008년 5월
서울대공원 개체(KF-27) 산청군 장당골 일대에서 자연방사

2009년 2월
개체 NF-08 구례군 왕시루봉 하부에서 야생 새끼 개체 (암컷 1) 첫 출산

2009년 7월

서울대공원
(서식지외보전기관)
새끼 개체(수컷 2)
도입

2009년 10월

서울대공원 새끼
2마리 하동군 화개면
대성리 일대에서
방사

2011년 7월

중국 복원 4마리
(암컷 3, 수컷 1) 도입

2011년 8월

서울대공원 복원
2마리(수컷 2) 도입

2013년 6월

종복원기술원-서울대공원 간 반달가슴곰 교류
NM-12(기술원→서울대공원)·아리,
금강(서울대공원→기술원)

2016년

러시아 연해주에서 반달가슴곰 3마리 도입
(암컷 3), 지리산 37마리 곰 서식

2017년 12월

러시아 연해주에서 도입 1마리(수컷 1)
자연적응 훈련장 연방사

2018년 10월

자체 증식 2개체 자연
적응훈련장 연방사

2018년 11월

러시아 연해주에서 도입 5마리
(수컷 4, 암컷 1)
자연적훈련장 연방사

2019년 1월

인공증식으로 새끼
3마리 출산

2019년 10월

새끼 3마리 지리산
일대 방사

2019년 11월

러시아 연해주에서
반달가슴곰 2마리
도입(암컷 2)

2020년 4월

러시아 도입 2개체 자
연적응훈련장 연방사

2020년 12월

러시아 연해주에서
반달가슴곰 4마리
도입(암컷 1, 수컷 3)

2021년

지리산 등 자연 방사 및 자연 출산
반달가슴곰 74마리 활동 중

출처: 국립공원공단 멸종위기야생생물 증식·복원 연간보고서

3부

자연의 섭리를 깨우쳐준 반달가슴곰

곰도
나무를 탑니다.
진짜로!

이솝우화의 오해

나무 잘 타는 동물하면 가장 먼저 누가 떠오르는가? 아마도 단번에 원숭이를 떠올릴 것이다. 지리산에도 나무를 잘 타는 동물이 많다. 다람쥐, 청설모, 아주 가끔 보이는 하늘다람쥐도 있다. 쉽게 볼 수는 없지만 담비도 나무 타는 기술로는 빠지지 않는다. 그리고 또 누가 있을까?

바람이 얼굴을 살짝 스쳤던 어느 오후 소나무 꼭대기에 있는 곰을 발견했다. 바람에 몸을 맡긴 채 퍽 여유 있어 보였다. 처음 보았을 땐 아찔하고 믿어지지 않았다. 덩치가 큰 놈이 가느다란 나무 끝에 매달려 곡예를 하듯 살랑살랑 움직이는 것이다.

곰이 나무를 잘 탄다고 하면 대부분 믿지 않는 눈치다. 하긴 오래전부터 많은 사람들이 읽어 온 『이솝우화』에도 곰은 나무를 오르지 못한다는 전제로 펼쳐지는 이야기가 나온다. 두 친구가 숲길을 걷다가 곰을 맞닥뜨리자 한 친구가 곰을 피해 혼자만 나무 위로 도망치는 대목인데, 이 이야기 때문인지 사람들은 곰이 나무를 타지 못한다고 생각한다. 하지만 눈과 얼음에 익숙한 북극곰을 제외한 나머지 곰들은 나무를 탄다. 그것도 아주 잘 탄다. 덩치로는 북극곰에게 밀리지 않는 불곰은 어릴 땐 위험에서 벗어나기 위해 혹은 놀기 위해 나무를 자주 타지만, 어른 불곰이 나무를 타는 일은 흔치 않다. 판다 역시 종종 나무 위에서 놀거나 쉰다. 생긴 것과 달리 민첩하게 나무를 타는 모습이 꽤 재미있고 인상적이다. 이처럼 곰이 나무를 잘 타는 이유는 앞발을 손처럼 사용할 수 있고 발톱이 발달해 아무 곳이나 오르기에 적합하기 때문이다. 지리산에 사는 반달가슴곰도 원숭이만큼이나 나무 타는 실력이 일품이다.

나무 타기 때문이 아니더라도 곰은 나무를 참 좋아한다. 이들은 자기 영역이나 서열을 알리는 데도 나무를 이용한다. 발톱 자국이나 이빨 자국을 내기도 하고 가지를 꺾거나 껍질을 벗기기도 한다. 나무에 몸을 비벼 냄새를 남기기도 한다.

곰을 관찰하다 보면 나무에 등을 대고 문지르는 모습을 자주 보게 된다. 혼자서 재미로 하는 행동일 수도 있지만 진드기나 벼룩 같은 기생충을 떨어뜨리거나 가려움을 해소하려는 것으로 보인다. 산에서 자주 볼 수 있는 야생동물인 멧돼지도 나무에 몸을 비비는 행동을 하는데, 곰과 같은 이유에서다. 멧돼지는 진흙 웅덩이에 들어가 목욕을 즐긴다. 웅덩이에서 몸을 굴려 잔뜩 진흙을 묻히는데, 이것이 굳으면 몸에 붙은 기생충이 숨을 못 쉬고 죽는다. 온몸에 진흙을 잔뜩 묻히는 멧돼지를 보고 머드팩의 원조라는 생각이 들었다. 녀석들은 머드팩을 한 뒤 나무에 몸을 비벼 진흙을 떨어낸다. 그들이 자주 이용하는 오래된 비빔목은 닳고 닳아 깊게 파여 있다.

아낌없이 주는 나무

지리산 곰들은 나무에서 활동하기를 즐긴다. 녀석들이 나무를 타는 이유는 다양하다. 첫째, 먹기 위해서다. 잘 익은 열매나 잎을 먹으려고 나무를 탄다. 특히 도토리가 열리는 가을철에는 나무 위에 오른 곰을 만나기 쉽다. 재미있는 퀴즈를 하나 내볼까 한다. 곰은 도토리를 어떻게 먹을까? 나무에서 도토리를 한 알 한 알 따서 먹을까? 아니다. 도토리가 달린 나뭇가지를 잎과 함께 훅 훑어 먹는다.

둘째, 도망치기 위해서다. 곰에게 나무는 피난처이기도 하다. 천적이나 다른 위험에서 벗어나기 위해 나무를 탄다. 어린 곰들은 무서울 때면 어김없이 나무를 오른다. 곰을 추적할 때 어린 곰 대부분은 나무 위로 오르는 모습을 보인다. 이러한 습성은 어릴 때 엄마 곰에게 받은 교육으로 형성된다. 엄마 곰은 새끼를 낳아 키우면서 위험을 느낄 때마다 우선 새끼를 나무 위에 올린다. 처음에는 새끼 곰이 나무를 오르려 하지 않지만, 그래도 엄마 곰은 나무에 올리려고 새끼를 밑에서 밀어붙인다. 이렇게 몇 번 교육을 받은 새끼 곰은 뭔가 위험을 감지하면 재빠르게 나무에 오른다. 어른 곰은 연구원들을 쉽게 따돌리지만 새끼 곰은 그렇지 않다. 걸음도 느리고 겁도 많다. 그래서 보통 세 살이 되기 전까지는 나무를 많이 탄다. 그 후에는 사람 걸음으로 그들을 따라잡지 못한다. 오히려 녀석들이 우리를 가지고 논다. 우리가 산 능선으로 가면 곰은 계곡에 있고, 다시 계곡으로 가면 곰은 능선에 있다. 두세 번 이런 추적을 하다 보면 우리가 먼저 지친다.

나무를 타는 또 다른 이유로, 셋째, 휴식을 들 수 있다. 곰들은 나무 위에서 열매나 잎을 먹기 위해 나뭇가지를 꺾는다. 꺾은 나뭇가지의 잎과 열매를 다 먹고 나면 나뭇가지를 자신이 앉아 있는 엉덩이 밑에 넣어 엉기성기 엮는다. 이렇게 만든 둥지를 '상사리'라고 부른다. 상사리는 곰들이 나무 위에서 쉬려고 만든 공간이다. 지리산의 상사리 흔적은 그들이 좋아하는 참나무에서 가장 많이 보인다. 참나무 열매인 도토리는 곰들이 좋아하는 먹이고, 참나무가 지리산 우점종이기 때문일 것이다. 상사리 흔적은 열매가 풍부한 다른 활엽수에서도 찾아볼 수 있고 소나무나 잣나무에서도 가끔 발견된다. 그럼 왜 곰은 상사리에서 쉬는 것을 좋아할까? 휴식이란 자고로 아무런 간섭이 없어야 제맛이다. 곰이 상사리에서 쉬길 좋아하는 이유는 그런 휴식의 달콤함이 보장되기 때문 아닐까. 상사리 위에서 낮잠을 자고 새끼 곰들은 서로 장난을 치며 쉼을 즐긴다. 바람에 하늘하늘 흔들리는 나무 위 요람에서 나뭇잎 사이로 떨어지는 한 알 한 알의 햇살을 받으며 곰은 편안한 시간을 보낸다.

나무에 새겨진 곰의 시간

상사리는 멀리서 보아도 한눈에 알 수 있다. 꺾은 나뭇가지들이 죽어서 색이 바랬기 때문에 살아 있는 나무와 확연히 구분된다. 그래서 곰이 활동하는 곳을 찾는 데 이정표가 되기도 한다. 상사리를 찾으면 가까이에 곰 똥이 있고, 털도 있고, 먹이를 먹은 흔적도 있다. 곰을 연구하고 조사하는 데 좋은 자료들이다.

곰은 나무가 멀리멀리 이동할 수 있도록 돕는다. 또한 열매가 잘 맺을 수 있도록 좋은 영양분을 선물한다. 그 나무는 자라서 곰의 안락한 쉼터이자 은신처, 피난처가 된다. 이렇듯 자연에서 혼자 살아가는 생명체는 없다. 나무와 곰은 서로 도우며 함께 살아간다. 비단 곰과 나무와의 관계만 그런 게 아니다. 숲의 모든 생명이 각자의 위치에서 자신만의 역할과 기능을 수행하며 조화롭게 살아간다.

국어사전에서 '자연'은 "사람의 힘이 더해지지 아니하고 저절로 생겨난 산, 강, 바다, 식물, 동물 따위의 존재 또는 그것들이 이루는 지리적·지질적 환경"이라고 정의한다. 자연은 스스로 흘러간다. 그 안에서 다양한 생명이 함께 숨 쉬며, 사람의 힘이 아닌 그들만의 힘으로 살아간다. 인간도 그 안에서 함께 흘러가는 존재임을 잊지 말아야 한다. 나무 위 여유롭게 오후의 햇살을 받는 곰을 보며 지극히 자연스런 이치를 되새겨 본다.

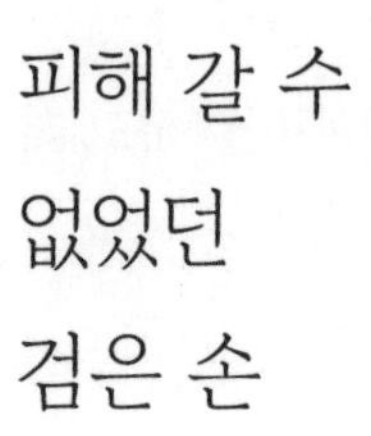

피해 갈 수 없었던 검은 손

죽음을 부르는 올무

힘을 주면 줄수록 더욱더 조여 온다. 야생동물을 잡기 위해 만든 올무(올가미)의 위력이다. 손목에 올무를 걸고 당기니 손목이 끊어질 듯 아프다. 야생동물이 당하는 위협을 알리고자 아이들과 함께 올무 체험을 해 봤다. 그러나 손을 사용할 수 없는 동물들은 올무에 걸리면 벗어나기 위해 더욱 발버둥 친다. 그럴수록 올무는 점점 더 조이고 결국 마땅한 방법을 찾지 못해 죽음을 맞는다. 이렇게 올무는 힘이 센 곰에게도 치명적이다.

2008년 6월 여름, 풀 내음이 코끝을 스쳤다. 창문 틈으로 선선한 바람이 들어와 오후의 나른함을 부추겼다. 보드라운 기운에 몸을 맡기고 잠시 여유를 부렸다. 그때 걸려온 전화 한 통으로 삽시에 다급해졌다. 전화를 받고 달려간 곳은 마을에서 얼마 떨어지지 않은 산 밑 밤나무 농가 주변이었다. 멧돼지를 퇴치하려고 올무를 설치했는데 거기에 곰이 걸려 신음하고 있었다. 녀석은 올무에 온몸이 칭칭 감긴 채 나무 위에서 아픔과 두려움으로 떨고 있었다.

곰을 향해 조심스레 다가갔다. 초목의 싱그러운 내음에 비릿한 썩은 내가 섞여 코를 자극했다. 녀석이 목에 걸린 올무를 끊기 위해 발버둥을 치다 보니 그 주변의 살이 파여 썩기 시작한 것이다. 재빨리 곰을 마취하고 상처 부위를 확인했다. 다행히 상처는 깊지 않았고 건강 상태도 나쁘지 않았다. 응급 치료를 마치고 다시 자연으로 돌려보냈다. 조금만 늦었어도 암컷 곰 한 마리를 잃을 뻔했다.

녀석은 상처가 아물자 예전처럼 지리산을 종횡무진 누볐고, 다음 해 5월 중순부터 7월까지 수컷 곰과 함께 다니며 사랑을 나누었다. 그 결실은 2010년 1월 겨울잠을 자는 중에 나타났다. 두 마리의 건강한 새끼를 출산한 것이다. 올무로 인해 사라질 뻔했던 생명의 줄이 두 마리의 새끼로 이어지는 순간 너무나 행복했다.

사람이라 미안해

올무 외에도 동물을 잡는 도구는 다양하다. 잘 알려진 것으로는 총, 그물, 창애, 함정, 덫 등이 있다. 곰을 잡는 도구 중 감자폭탄이라는 것이 있다. 생긴 모양이 꼭 감자 같아서 붙여진 이름이다. 감자폭탄은 곰이 좋아하는 밀랍으로 만든다. 밀랍은 벌이 집을 지을 때 만들어내는 물질인데, 이 밀랍 안에 독한 약품을 넣고 곰이 잘 다니는 길목에 걸어 놓는다. 곰이 먹이인 줄 알고 감자폭탄을 씹으면 안에 감춘 독한 약품이 입을 상하게 해 먹지도 못하고 아파하다가 결국 죽는다. 밀렵꾼은 그 흔적을 따라가 웅담을 채취한다.

2004년 지리산에 처음 곰을 방사한 해부터 2015년까지 약 4,500여 개의 불법 밀렵도구가 수거됐다. 지리산 인근에는 올무를 비롯해 그토록 많은 것이 야생동물의 생명을 위협하고 있었다. 지리산에 곰을 들일 때 가장 먼저 그들이 살아갈 서식지와 그 주변을 안전하게 만드는 작업부터 해야 했다. 사람과 동물이 함께 살아간다는 것이 얼마나 중요한지를 널리 알리기 위해 홍보에 앞장섰고 곰과 공존할 수 있는 실제적인 방안을 고민했다.

그럼에도 올무, 창애 같은 위협도구에 상해를 입는 곰이 끊이지 않았다. 그들이 사는 지역을 중심으로 올무를 수거했지만 미처 다 거두지 못해 발생하는 위험까지 완벽하게 차단할 수 없었다. 특히 예전과는 달리 올무를 설치하는 목적이 야생동물 포획이 아니라 야생동물에 의한 농작물 피해 방지를 위한 경우가 많아 이런 위험 요인을 관리하기가 더욱 어려워졌다. 국립공원 인근의 농가들은 전기 울타리를 설치하는 등 곰으로부터 농작물을 지키기 위해 애쓰지만, 더러 그들에게 당하고 만다. 그렇게 곰이 농작물을 망쳤다는 신고가 접수되면 신속하게 현장을 조사하고 피해 배상을 해 주었다.

올무에 걸려 죽을 고비를 넘기고 새끼까지 출산해 지리산에 새로운 생명을 선물했던 그 곰은 2012년 또다시 새끼 두 마리를 낳아 지리산의 품에 안겨 주었다. 하지만 결국 그 곰은 올무의 검은 손을 피하지 못하고 고통스러운 죽음을 맞았다. 올무 없는 세상에서 부디 편히 쉬기를 바란다.

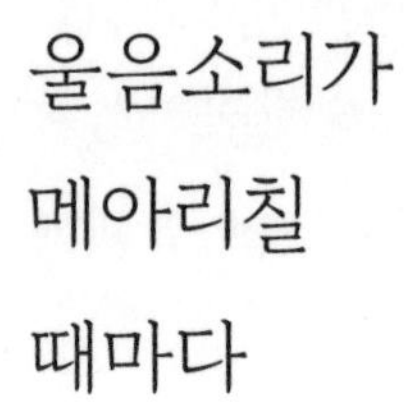

울음소리가 메아리칠 때마다

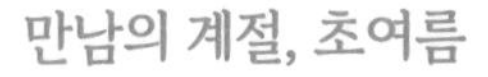

만남의 계절, 초여름

5월 말 초여름 햇살이 따갑다. 산을 오르면서 발신기를 꼼꼼하게 점검해 본다. 옛 기록에 암컷 곰은 발정estrus이 나면 수컷 곰을 찾아 큰소리로 울부짖는데, 사람들이 호랑이 포효로 착각할 정도로 그 소리가 컸다고 한다. 아직까지 지리산에서 암컷이 짝 찾는 소리를 듣지 못했다. 대신 새끼를 데리고 다니는 엄마 곰 특유의 울음소리는 들었다. 어린 곰을 보호하기 위해 엄마 곰이 피해 가라고 던지는 경고 메시지다. 우렁찬 짐승 소리가 산을 돌아 메아리치는 것 같다.

며칠째 수컷 곰(RM-19번)과 암컷 곰(RF-18번)이 함께 다니고 있음을 확인했다. 곰 두 마리가 한 지역에서 함께 있다 조금 떨어졌다 다시 붙어 있기를 반복한다. 곰들의 사랑이 시작됐다.

곰은 날이 더워지기 시작하는 5월 말부터 슬슬 사랑을 꽃피운다. 그러다가 7월을 넘어서면 서서히 그 사랑이 식어간다. 곰은 단독 생활을 즐겨 평소에는 암컷과 수컷이 서로 떨어져서 지내지만, 짝짓기 시기에는 수일 또는 수 주(보통 2주) 동안 함께 다닌다. 다른 동물들의 일반적인 사랑 방식과 비슷하게 곰들도 수컷이 암컷을 차지하기 위해 경쟁하고 싸우며 사랑을 고백한다. 다른 수컷과의 격렬한 경쟁에서 이기거나 운 좋게 혼자 있는 암컷에게 신뢰감을 준 수컷은 암컷과 여러 차례 짝짓기를 한다. 한 수컷이 한 암컷에게만 사랑을 고백하는 건 아니다. 여러 마리의 암컷을 사랑한다.

곰들이 사랑할 시기가 되면 내 발걸음은 더욱 바빠진다. 영양 섭취가 정상적으로 이뤄진 암컷 곰이라면 대부분 어른 몸무게에 다다른 네 살 정도에 첫 짝짓기를 한다. 수컷 곰도 네 살이 되면 짝짓기를 할 수 있으나 다른 큰 수컷 곰들과의 경쟁에서 이길 정도로 성장했을 때인 일고여덟 살쯤에 본격적인 짝짓기를 한다.

나는 혼기가 꽉 찬 곰들 중 어떤 곰과 어떤 곰의 사랑이 진행되는지 관찰한다. 이러한 연구는 곰의 행동권을 알아내면 가능하다. 곰에게 부착한 추적장치로 그들의 위치를 파악할 수 있는데, 이렇게 각 곰들의 위치를 추적하여 모은 데이터를 분석하면 그들이 활동하는 영역을 알아낼 수 있다. 행동권이 겹쳐지는 표시가 나오면 어떤 곰과 어떤 곰이 함께하고 있는지 단번에 알 수 있다.

엄마가 될 준비, 가을

많은 동물이 그러하듯 사랑을 마친 수컷 곰은 훌쩍 떠나고 암컷 곰이 홀로 새끼 곰을 낳아 기른다. 새끼 곰을 기를 때는 엄마 곰의 젖 분비lactation가 발정을 억제시키는 것으로 보인다. 엄마 곰은 일반적으로 2년 정도 새끼를 돌보고 독립시킨다. 그래서 암컷 곰은 2년에 한 번 사랑을 하고 새끼를 낳는다. 간혹 새끼 곰이 죽어서 양육하지 않게 되면 그다음 해에 다시 사랑을 하고 출산을 한다.

자연 현상은 언제나 예외가 있어, 새끼가 죽지 않았는데도 엄마 곰이 새끼를 낳은 그다음 해에 또 다른 사랑을 나누는 일도 일어난다. 아마도 새끼 곰이 1년 일찍 독립한 게 아닌가 싶다. 스스로 택했든 어른 수컷에게 쫓겨 그랬든 새끼 곰은 혼자 자연에 적응하면서 살아가야 한다.

곰은 참 특이한 점이 많은데, 짝짓기 이후 이뤄지는 임신 과정에서도 일반적인 포유동물과 다른 독특한 면이 있다. 엄마 곰이 수정란을 자궁 내에 바로 착상시키지 않는다는 것이다. 이를 생물학적 용어로 '자궁 내 착상지연 현상'이라 한다. 이러한 현상은 곰의 모든 종에서 나타난다. 짝짓기 기간과 출산 시간을 최적화하기 위해 자기 신체 생리를 자연 환경에 맞춰 적응시킨 결과로 해석된다. 자궁 내에 수정란이 착상돼야 발생이 이뤄지고, 태아는 엄마로부터 영양분을 받으면서 자라게 된다. 하지만 곰은 수정란을 자궁 내에 가지고만 있고 바로 착상시키지 않은 채 여름을 나고 가을을 맞이한다.

가을철 곰은 겨울잠을 자기 위한 준비를 한다. 많이 먹어서 영양분을 비축해야 혹독한 겨울을 이겨낼 수 있다. 가을철 예비 엄마 곰은 다른 곰보다도 훨씬 많은 양의 먹이를 먹어야 한다. 그렇지 않으면 겨울잠을 자다가 태어날 새끼에게 젖을 준다거나 하는 양육이 어렵다. 충분한 양의 먹이를 먹고 겨울잠을 잘 준비를 마친 엄마 곰은 드디어 수정란을 자궁에 착상시킨다. 엄마 배 속에서 태아는 성장을 시작한다. 이처럼 엄마 곰이 겨울잠을 자기에 충분한 몸 상태가 되면 자궁 내 착상을 하여 출산하지만, 그렇지 않고 먹이가 부족했거나 영양이 결핍됐을 때는 수정란이 몸에 흡수되어 자연 유산된다. 수정란이 착상되는 때는 11월이고, 새끼 곰은 1월 말에서 2월 중에 태어난다. 태아가 엄마 배 속에서 성장하는 시기가 매우 짧아 새끼 곰은 사람보다 훨씬 작게 태어난다. 우리나라 곰의 경우 새끼는 약 250~400그램 내외의 아주 작은 몸무게로 태어난다.

사람의 경우 엄마가 보통 50~60킬로그램 정도이고, 아기는 3킬로그램 내외로 태어난다. 물론 엄마나 아기나 몸무게는 사람마다 개인차가 있지만 둘의 차이는 평균 17~20배 정도다. 곰의 경우 엄마가 보통 80~120킬로그램 정도인데, 새끼는 300여 그램밖에 안 되니 둘의 차이는 260~400배로 엄청나다.

아기 곰의 첫 울음, 겨울

곰이 새끼를 낳았는지 안 낳았는지는 지난해 사랑을 나눴던 암컷 곰들의 동면굴을 일일이 찾아다니며 확인해 알아낼 수 있다. 굴 밖에서 귀를 기울이면 생명의 신비를 알리는 아름다운 자연의 울음소리가 슬금슬금 새어나온다. 1월에서 2월 중에 새끼 곰의 울음소리가 확인되면 우리는 새끼 곰이 좀 더 성장하여 건강해질 때까지 기다린다.

새끼 곰은 엄마 품에서 젖을 먹으며 겨울을 난다. 엄마 곰은 먹지도 못하고 새끼를 양육한다. 반달가슴곰은 보통 한 배에 두 마리를 출산하는데, 이때 아빠가 다른 경우도 있다. 즉, 엄마는 같은데 아빠가 다른 새끼 곰들이 태어나기도 한다. 이렇게 태어난 새끼 곰이 자라서 어른 곰이 되기까지 갈 길이 멀다. 둘 중 한 마리는 겨울을 넘기기 전에 죽을 확률이 높고, 남은 한 마리의 생존도 그리 만만한 게 아니다. 엄마 곰이 첫 출산인 경우라면 새끼 곰을 살릴 확률은 더욱 낮다. 또는 스트레스를 받거나 몸 상태가 좋지 않으면 새끼를 먹어 버리기도 한다. 우리 눈에는 비정한 모습으로 비춰질 수 있지만 거대한 자연에서는 순리를 따르는 일일 뿐이다. 엄마 곰이 건강해야 새끼 곰을 키울 수 있고 보살필 수 있기 때문이다. 감당할 수 있을 만큼의 새끼를 키워야 생존율을 높이고 자손 번식에 유리하다는 것을 엄마 곰은 알고 있다.

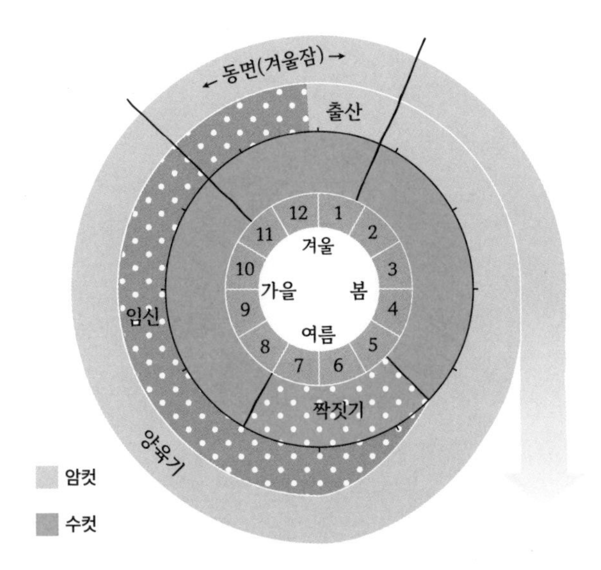

반달가슴곰의 1년 생활주기. 곰의 임신 기간은 짝짓기가 이뤄지는 5~7월부터 출산 기간인 1~2월까지 반년가량이지만, 자궁 내 착상지연 현상으로 수정란이 발생해 태아로 성장하는 기간은 2개월 정도다.

마지막까지 낙엽을 모은 엄마 곰

설렘이 끝나기도 전에

부르기만 해도 가슴 설레는 이름, '어머니'. 우리에게 엄마의 품은 늘 그리운 고향이다. 동물들에게도 그럴 것이다. 동물의 세계에서도 새끼를 돌보는 어미의 정성은 위대하다. 본능이긴 하지만 제 목숨을 내놓고 새끼를 돌보는 어미의 사랑은 성스럽기까지 하다. 한없이 아름다운 자연의 이치다.

2009년 1월, 지리산은 깊고도 한없이 포근한 어미의 품으로 새로운 생명을 안았다. 어머니의 젖가슴같이 따스한 가슴으로 꺼져 가는 등불 같았던 새끼 반달가슴곰을 안아 올렸다. 새로운 희망을, 생명을 품었다.

지리산 반달가슴곰 복원 프로젝트를 시작하고 첫 반달가슴곰이 막 탄생한 참이었다. 작년부터 집중적으로 지켜본 엄마 곰 두 마리가 있었다. 2009년 2월 초, 두 엄마 곰 각각의 동면굴에서 새끼 울음소리가 확실하게 들려왔다. 지리산에 반달가슴곰을 방사한 지 5년 만에 최초로 출산에 성공한 것이다.

새끼 곰들이 아직은 너무나 작기 때문에 쾌거를 확신하기 이르다는 결론이 우세적이었다. 조금 더 자란 후 2월 말쯤 엄마 곰들과 새끼 곰들의 건강 상태를 확인하기로 했다. 기대감에 부풀어 하루하루가 길게만 느껴졌다. 그 들뜬 시간을 참고 견뎌 드디어 2월 23일 돌무더기투성이에 오르기 힘든 지형을 단숨에 올랐다. 새끼 곰 한 마리를 확인하는 순간 심장박동은 빨라지고 자꾸 웃음이 번졌다. 사흘이 지난 26일 또 다른 어미의 새끼를 확인했다. 감격을 주체할 수 없었다.

3월 31일 엄마 곰들을 관찰 연구하던 중 현장에서 비보가 날아왔다. 엄마 곰 한 마리가 죽고 새끼는 행방을 알 수 없다는 소식이었다. 먹먹한 마음으로 하늘을 보았다. 파란 하늘이 왜 그리도 밉던지. 늦은 시간이었지만 짐을 꾸려 현장으로 달려갔다. 짐을 꾸리는 내내 뭔가 잘못됐다는 생각이 가슴을 짓눌렀다. 연구원들이 잘못 판단했기를, 제발 그러기를 바라고 또 바랐다. 하지만 현장에 도착한 순간 망연자실할 수밖에 없었다.

심장을 울린 그 해 4월

엄마 곰은 첫 임신으로 출산하기까지 험난한 일을 많이 당했다. 2005년 방사된 이후 목에 올무가 걸려 죽을 뻔했는데 가까스로 구조돼 살았다. 그러고 나서 허리에 올무가 걸려 또 한 번의 시련을 겪었다. 다행히 치료가 잘됐고, 새끼까지 출산하는 큰일을 해냈다. 정말 힘겹게 지리산 자연의 품에 소중한 생명을 안겼는데……. 한숨과 눈물만 흘렀다.

동물이 새끼를 낳는 게 뭐 그리 대단한 일일까? 하지만 이번 출산은 그 의미는 남달랐다. 자연으로 돌아간 곰이 그대로 적응하여 살아가기는 쉬운 일이 아니다. 우선 먹이를 구해 먹으면서 동면이라는 어려운 환경을 이겨내야 한다. 그러는 가운데 새끼를 낳았다는 것은 곰이 적응에 성공했다는 뜻이기도 하다. 출산은 개체군 형성과 생태계 복원의 중요한 단계로 그 의미가 매우 크다. 자연에 나서 자연으로 돌아가는 것이 순리이고 이치이지만 처음으로 새끼를 출산한 곰이기에, 야생에 이제 막 적응한 곰이기에, 그 안타까움은 이루 말할 수 없었다.

마음을 가다듬고 정신을 다잡았다. 우선, 지난 1월 출산을 확인하고 동면굴 입구에 설치한 무인센서카메라로 촬영한 자료를 확인해 보았다. 동면 중 지친 몸을 이끌고 동면굴 밖으로 나온 엄마 곰이 낙엽을 모아 안으로 들어가는 게 여러 번 보였다. 이러한 행동은 엄마 곰의 에너지를 과도하게 소비시켰고, 탈진에 이르게 한 주요 원인이 됐다. 녀석은 축축한 동면굴 바닥에 낙엽을 깔아 새끼를 보호하려 했던 것이다. 자기 몸은 돌보지 않은 모성 어린 행위에 저절로 고개가 숙여진 시간이었다.

해발 1,100미터 고지에서 새끼를 지키다 죽어 간 엄마 곰을 새벽부터 운반하기 시작했다. 4월 1일 만우절. 이 모든 것이 거짓이기를, 꿈이기를 바랐다. 아침부터 날리던 진눈깨비가 어느덧 눈뭉치로 바뀌었다. 수줍게 시작한 봄의 기운을 뒤로한 채 참고 참았던 눈물이 얼어 눈으로 내 가슴을 파고들었다. 그 후 3일간 수색 끝에 새끼 곰의 주검을 발견했다. 엄마를 잃고 헤매던 새끼 곰은 결국 죽음으로 우리를 맞이했다.

행복한 2월과 3월을 보내고, 잔인한 4월을 보낸 그해 2009년. 아직도 눈에 선한 첫 생명의 고귀함이 가슴을 아리게 한다. 그해 보내야 했던 엄마 곰의 숭고한 사랑이 심장을 울린다.

곰에게 양보를 바라지 말 것

꿀 앞에서는 미련곰탱이

인기 애니메이션 「곰돌이 푸Winnie The Pooh」의 주인공 푸는 꿀을 보면 침을 질질 흘린다. 실제 곰도 비슷하다. 꿀은 당분이 높은 훌륭한 고에너지원이 된다. 자연에서 꿀만한 먹이를 찾기란 쉽지 않다. 벌집에는 꿀뿐만 아니라 벌의 애벌레도 잔뜩 있어 훌륭한 단백질 공급원이 된다. 곰에게는 정말 좋은 먹을거리다.

다른 때는 영특하고 민첩한 곰이 꿀을 먹을 때만큼은 그렇게 미련할 수가 없다. 한번은 한봉 지역에 지속적으로 나타나 농가에 피해를 주는 곰이 있다고 하여 잡아다 다른 지역으로 옮긴 일이 있다. 벌집을 털고 있는 녀석을 잡던 도중 난데없이 벌들의 공격을 받아 곤혹을 치르며 간신히 포획했다. 곰을 마취시키고 입 안을 살펴보니 혀에 박힌 벌침이 자그마치 수십여 개가 넘었다. 공격을 받은 벌들이 최후의 일침을 혀에 내리꽂았지만, 녀석은 꿈쩍하지 않고 꿀을 계속 먹었던 것이다.

곰이 농가에 나타나서 피해를 주는 일은 왕왕 발생한다. 대개 꿀을 먹으려는 것이다. 꿀을 먹고 있는 녀석에게 비비탄도 쏘고 고무탄도 쏘아 봤지만, 탄알을 맞고 괴로워하면서도 끝까지 꿀단지를 포기하지 않는다. 웬만한 동물들은 총소리만 들어도 놀라서 도망가기 바쁜데 곰은 맞으면서 버틴다. 전기 충격기로 6,000볼트의 전기를 맞고도 "우우" 하고 신음소리만 낼 뿐 꿀단지를 꼭 끌어안은 채 슬슬 피해 가며 끝까지 먹는다.

이처럼 사람이 재배하는 꿀을 자주 또 주로 먹으려 하면 자연에 적응하기가 쉽지 않다. 이뿐만 아니라 지리산 탐방로에 종종 나타나서 사람들을 놀라게 하는 곰, 사람들에게 자꾸 먹을 것을 얻어먹는 곰, 마을 인근에 자주 출몰하여 농가에 피해를 주는 곰은 자연에 적응하지 못하는 것으로 판단돼 보호시설로 보낸다. 지리산 반달가슴곰 보호시설은 일반 농가의 시설이 아니라 자연과 유사한 환경에서 곰들이 자연스럽게 살 수 있도록 만든 곳이다.

곰이 탈출하지 못하도록 울타리를 쳐서 관리하는데, 울타리 하나에도 많은 사연이 있다.

쇼생크 탈출 뺨치는 곰 탈출

맨 처음 울타리는 철가시가 삐죽삐죽 돋은 원형 철조망을 위에 올린 형태였다. 하지만 곰에게 이것은 약간의 방해도 되지 못했다. 곰은 원형 철조망을 비웃기라도 하듯 그 위를 자연스럽게 걸어 다니면서 자유자재로 울타리를 넘나들었다. 보완책으로 8천~1만 볼트나 되는 고압 전기선을 울타리 중간중간에 설치했다. 곰은 전기에 깜짝 놀라 더는 철망을 오르지 못했다.

하지만 얼마 지나지 않아 탈출 사건이 발생했다. 울타리 하단의 땅을 파고 밖으로 나간 것이다. 다행히 부착한 추적장치가 있어서 곰을 회수했지만 울타리의 보강이 또 한 번 시급했다. 이렇게 해서 다시 시작된 울타리 보강 공사는 땅 밑으로 1미터 정도를 파고 콘크리트를 부어 탈출을 방지했다. 추가로 울타리 옆의 땅 밑으로도 펜스를 3미터 정도 더 설치해 탈출 시도 자체를 원천 봉쇄해 버렸다. 이후 한동안 곰들의 탈출은 발생하지 않았다.

하지만 시간이 지나 또 한 사건이 일어났다. 다 큰 곰 한 마리가 꿀 재배 농가를 자주 습격하여 어쩔 수 없이 회수했는데, 보호시설로 들어온 녀석이 고압 전기선도 아랑곳하지 않고 울타리를 훌쩍 넘어 탈출했다. 전기로도 녀석의 탈출을 막기에 역부족이었다. 다시 한번 곰의 위력을 확인하고 대책을 고민했다.

고속도로를 달리던 어느 날 마을로 들어오는 소음을 차단하기 위해 도로변에 설치한 폴리카보네이트판이 눈에 띄었다. '바로 저것이다!'라는 생각이 들어 울타리 철망구조 중간에 폴리카보네이트판을 설치했다. 전체를 하기에는 바람의 영향과 예산 등 고려할 것이 많아 울타리 중간에 설치해 곰이 철망을 타고 오르지 못하도록 했다. 이 울타리는 현재 다른 야생동물들에도 적용하고 있으며, 지금까지는 문제없이 잘 운영되고 있다. 또 언젠가 동물들이 이런 시설을 극복하고 탈출에 성공한다면 또다시 더욱 보강된 울타리를 만들어야 할 것이다.

곰이 자연에 적응하지 못하는 게 오롯이 그들 자신만의 문제라면 곰 입장에서 덜 억울할 것이다. 하지만 적응 문제는 본질적으로 사람과의 관계에서 발생한다. 그럼에도 불구하고 우리는 지금까지 곰의 적응 문제를 사람의 시각에서만 보고 주로 그들이 양보해 주기를 바랐다. 아직도 야생동물과 야생식물이 지리산의 진정한 주인으로 자리매김하지 못했다. 곰은 오늘도 제집을 잃은 채 살아가고 있다.

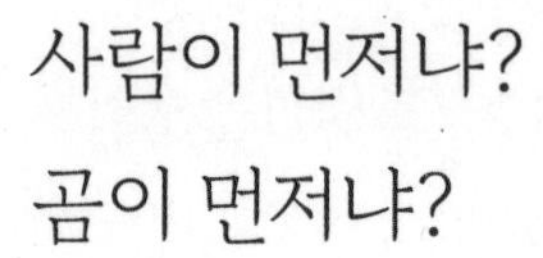

사람이 먼저냐?
곰이 먼저냐?

곰과 실랑이 한 처사

"곰 때문에 사람이 다쳤다고 연락이 왔습니다."

"무슨 소리야, 정확히 말해 봐!"

이제 모든 것이 끝났구나! 만에 하나 곰이 사람을 직접 해치는 사고가 발생한다면 그들을 살리기 위한 일은 다 끝이라고 생각했다. 아직 곰을 향한 대중의 공감이 크지 않았기 때문이다. 지금까지 해 온 모든 게 허사가 될지도 몰랐다. 그렇지 않아도 곰 때문에 그놈의 곰 때문에 못 살겠다고 여기저기서 아우성인데, 이제 정말 어떡하나 싶었다. 이번 사건은 그 정도로 심각한 일이었다.

그런데 사태를 전하는 연구원의 표정이 묘하게 일그러져 있고 기가 찬 듯 한숨을 짧게 내뱉었다. 무슨 영문일까? 사건의 자초지종은 이러했다.

지리산 반달가슴곰 복원 사업을 시작하고 얼마 지나지 않아서 한 처사가 항의 방문을 했다(국립공원의 자연 경관은 아름답고 정기가 넘쳐 자연의 이치를 깨닫고자 하는 사람들이 많이 찾는다. 그래서 국립공원에 근무했다가 은퇴하는 직원들은 도인으로 오해받기도 한다. 북한산, 계룡산, 월악산 등 많은 명산 가운데 국립공원으로 가장 먼저 지정된 산은 지리산이다. 특히 지리산은 여러 도인이 살고 있다. 일반적으로 도를 수행하는 남자를 '처사', 여자를 '보살'이라고 부른다). 처사가 지리산 중턱 물 맑은 곳에서 수행을 하고 있는데 갑자기 곰이 나타났다는 것이다. 곰이 처사를 보고 "왜 내가 살고 있는 이곳에 당신이 있느냐?"라고 묻길래 처사가 "너는 2004년에 이곳에 왔지만 나는 너보다 일찍이 여기 와서 살고 있었다."라고 대답했단다. 이런 이유로 옥신각신 말다툼한 끝에 곰이 화가 나 처사를 한 대 때렸다고 했다. 처사는 아주 잽싸게 잘 피했지만 옆구리를 스치듯 맞아서 갈비뼈에 금이 갔다는 것이다. 처사는 지리산에 풀어놓은 곰 때문에 다쳤으니 치료비를 보상받아야 한다는 생각에 아픈 옆구리를 부여잡고 왔단다.

물론 지리산에 곰을 들일 때 그들 때문에 발생할 수 있는 피해를 생각해서 보험을 들긴 했다. 곰이 일으킬 수 있는 사람과의 접촉, 농산물 피해, 가축 피해 등을 우려해 준비한 것이다. 그런데 이런 경우에는 어찌해야 할까? 참 황당하고 당황스러웠다.

한참을 고민하다가 나름 재미있는 제안을 했다. 다친 데 대한 피해 보상을 모두 해 주겠으니 곰과 처사 그리고 나 이렇게 삼자대면을 하자고 했다. 곰을 불러 처사가 녀석에게 맞아서 다친 게 확인이 되면 아무런 조건 없이 모두 보상해 주겠다고 했다. 하지만 그 뒤로 처사에게 연락이 오지 않았다.

지금 생각해 보면 그분을 다시는 못 보게 된 것이 한편으론 아쉽다. 곰과 대화를 하는 분이야말로 동물 연구를 위해 내가 모셔야 할 진정한 스승이 아닌가. 그분에게 곰 언어를 배웠다면 지금처럼 어렵게 곰을 연구하지 않아도 되니까 말이다. 그들이 좋아하는 꿀이나 한 말 들고 찾아가 맛있는 꿀 한잔하면서 이것저것 물어보다 보면 곰에 관한 궁금증을 모두 풀어낼 수 있었을 텐데…….

지리산 터줏대감을 위한 배려

사람들은 곰이 지리산에 있으니 위험하다고 말한다. 정확히 말해서, 곰을 지리산에 풀어놓아 산행하기가 무섭다고 한다. “지리산에 사람이 먼저냐? 곰이 먼저냐?”라는 질문을 자주 받는다. 당연히 곰이 먼저라고 대답한다. 그들은 사람들이 지리산에 살기 훨씬 이전부터 그곳에 터를 잡고 살아왔다. 일부 사람들의 무지함으로 지금은 잠시 곰과 사람 사이가 조금 멀어졌을 뿐이다. 2004년 지리산에 새로운 곰 가족이 등장했다. 지리산에서 곰과 사람의 만남이 끊어지고 한참이 지난 시기였다. 지리산에 곰이 없었다는 이야기가 아니다. 그 수가 얼마 남지 않아 사람들이 인식하지 못했을 뿐이다. 곰이 지리산에 살고 있다는 사실조차 알지 못했다. 곰이 보이지 않게 되자 사람들은 그들이 없다고 생각했다. 그 시간이 한 세대가 훨씬 넘게 흘렀다. 곰이 다시 지리산에 나타나기까지 수십 년의 공백이 있었던 것은 사실이다. 그래서 아직 지리산에 곰이라는 존재를 온전히 받아들이기 힘들 수도 있다.

사람이 먼저냐 곰이 먼저냐라는 질문의 요지는 사람들의 안전 때문에 하는 말이라는 것을 안다. 흔히 하는 말처럼 곰은 자연에서 맞닥뜨리기엔 두려운 동물이다. 그들은 힘이 센 맹수임이 틀림없기 때문이다. 하지만 아무런 이유 없이 사람을 먼저 공격하거나 위험을 주는 동물은 아니다. 자기를 위협하지 않는다면 그들이 사람을 공격하는 일은 극히 드물다. 곰이 많이 서식하는 미국에서조차 곰에 의해 사망하는 피해보다 벌에 쏘여 발생하는 피해가 더 크다.

그런데 곰을 만나면 위험할 때가 있다. 동면에서 깨어나 새끼를 데리고 다니는 시기다. 어떤 동물이든지 새끼를 보호하는 어미는 예민할 수밖에 없다. 이 시기의 엄마 곰은 공격적인 성향을 띤다. 또 다른 위험은 갑작스런 곰과의 만남이다. 녀석들도 놀라고 사람도 놀란다. 이때 곰은 예상치 못한 상황에 공격적인 성향을 보일 수 있다. 그러니 야생 곰이 주로 활동하는 지리산 깊숙한 곳은 가지 않는 게 좋다. 그들이 자연에서 잘 살 수 있도록 우리가 해야 할 배려다. 물론 우리의 안전을 위해서도 필요한 일이다.

지리산 곳곳에 샛길이 있고 오늘도 그곳에 사람들이 다닌다. 곰과 사람의 안전을 위해 샛길 입구마다 안내표시를 달았다. 샛길이 시작되는 곳에는 흰색 안내판으로 곰이 활동하는 영역임을 알린다. 즉, 이곳은 곰이 사는 지역이므로 사람의 출입을 금한다는 내용이다. 그래도 무시하고 들어가면 두번째 경고가 기다린다. 노란색 바탕에 출입금지를 강조한다. 말 그대로 옐로카드다. 곰은

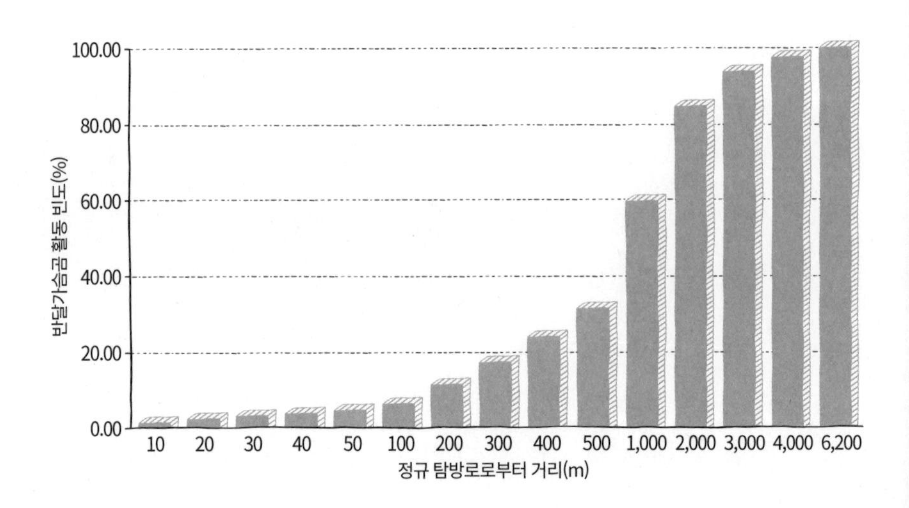

더욱 험하게 그려 놓았다. 그래도 더 들어가는 사람들은 빨간색의 레드카드를 보게 된다. 이처럼 단계별로 샛길 출입을 통제하고 있다. 곰과의 충돌을 막으려는 시도 가운데 하나다.

"제발 들어가지 마세요! 이곳은 곰이 살고 있는 곳입니다."

지리산 정규 탐방로에서 멀리 벗어날수록 곰을 만날 확률이 기하급수적으로 늘어난다. 예를 들어, 탐방로 10미터 이내에서 곰을 만날 확률은 0.53%고, 탐방로에서 500미터 정도 벗어나면 곰을 만날 확률이 30% 이상으로 분석될 수 있다. 탐방로 10미터 이내에서 곰을 만날 확률보다 약 600% 증가한다는 걸 알 수 있다.

지리산을 찾는 사람들이 먼저 자연을 배려해 준다면, 곰도 더 이상 위험한 동물이 아닌 건강한 생태계를 함께 지켜 나가는 소중한 친구가 될 것이다.

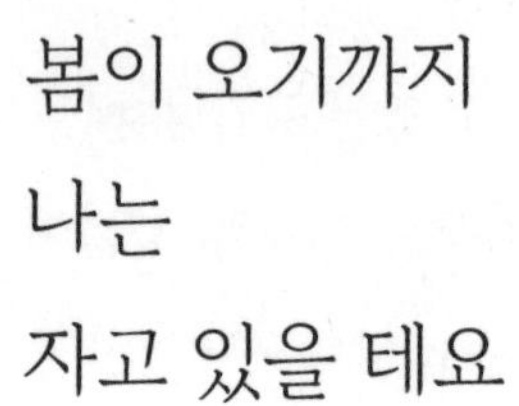

봄이 오기까지
나는
자고 있을 테요

동면은 곰의 버티기 작전

이 땅의 많은 생명이 살아 숨 쉬고 있지만 그 생동감이 전해지지 않는 계절. 많은 이가 겨울의 쓸쓸한 겉모습에 감춰진 저 깊숙한 곳의 온기를 느끼지 못한 채 묵묵히 봄날을 기다린다.

숲에서 살아가는 동물과 식물에게 겨울나기란 극한 추위와 굶주림의 연속으로, 어려운 환경을 이겨내고 자연에 적응해야 하는 쉽지 않은 인고의 시간이다. 야생동물은 오랜 시간에 걸쳐 쌓인 경험을 통해 저마다의 다양하고 독특한 방식으로 주어진 환경에 최적화하여 분주하게 겨울을 보낸다. 이를테면 포유동물은 겨울 동안 따뜻한 체온을 유지하기 위해 미리 많은 양의 먹이를 먹어 둔다. 먹을거리가 급격히 줄어드는 겨울이 오면 포유동물은 영양가가 적은 소량의 먹이로 근근이 살아가야 하기 때문이다. 특히 다른 동물보다 더 많은 먹이를 필요로 하는 곰은 겨울잠에 들어감으로써 활동에너지를 최소화해 겨울을 버틴다.

'겨울잠'이라는 특수한 겨울나기는 곰이 오랫동안 극한의 환경에 맞서며 자연에 적응한 한 방법이 아닐까? 곰은 가을이 되면 겨울잠을 대비해 많은 양의 먹이를 먹는데 보통 자신이 먹는 양의 5배 정도 먹고, 겨울잠에 들기 직전이 되면 몸무게가 평소에 비해 140%까지 늘어난다. 겨울잠에 들어갈 즈음이면 체내에 지방이 10센티미터 이상 축적된다.

12월 중순이 지나면 지리산 곰들은 겨울잠을 자기 시작한다. 이듬해 3월에서 4월이 되면 곰은 겨울잠에서 깨어난다. 더 북쪽에 있는 곰들은 더 일찍 동면에 들고 더 늦게 깬다. 하지만 겨울철 날씨가 따뜻하거나 어느 정도 먹이가 있으면 겨울잠에 들지 않고 돌아다니기도 한다.

겨울철이 되면 먹이 구하기가 한결 수월해지는 북극곰은 겨울잠을 자지 않는다. 하지만 새끼를 임신한 암컷 곰은 완전한 동면은 아니지만 굴을 파고 새끼를 출산하는 행동을 한다. 여름이 되면 얼음이 녹아 북극곰의 주요 먹잇감인 바다표범이 서식지를 옮겨가기 때문에 오히려 먹을 것이 부족해진다. 며칠씩 굶주리기도 하는 북극곰은 거의 잠든 상태로 걸어 다니는 정도로 최소한의 활동만 하면서 힘든 시기를 견딘다. 이 시기를 동면冬眠과 대조되는 용어인 하면夏眠이라 부르기도 한다. 판다 역시 동면하지 않는데, 겨울에도 먹을 수 있는 대나무를 먹으며 겨울을 난다. 지리산 반달가슴곰과는 달리 연중 먹을 것이 풍부한 기후에 사는 곰들은 아예 겨울잠을 자지 않고 활동한다.

이처럼 겨울잠을 자는 곰은 기후변화와 적설량 등의 환경 변화로 먹이가 구하기 어려워진 이들이다. 이러한 판단은 곰들이 겨울잠을 자는 데 가장 중요하게 작용하는 요인으로 먹이를 꼽는 근거가 된다.

동면과 다이어트의 상관관계

곰은 겨우내 먹지도 배설하지도 않고 짧게는 2개월에서 길게는 6~7개월 이상을 겨울잠으로 보낸다. 체내에 쌓아 놓은 지방을 분해하며 살아간다 해도 수개월을 먹지 않고 산다는 게 놀랍다. 새삼 곰의 강인한 생명력을 느끼게 한다. 또한 체내에 쌓이는 노폐물을 어떻게 처리하는 걸까? 긴 시간 동안 거의 움직이지 않았던 곰이 겨울잠에서 깨어났을 때 어떻게 잠들기 전의 몸 상태로 빠르게 회복하여 산을 올라 다니는 등의 활동이 바로 가능한 걸까? 많은 것이 신비하기만 하다. 겨울잠을 자면서 곰의 체중이 약 30% 이상 감소하는데(곰마다 차이가 있다), 대부분 지방을 소비한다. 그들의 체중 조절에 관여하는 물질을 알아내서 추출할 수만 있다면 살을 빼기 위해 스트레스받는 사람들을 구원할 수 있을 것이다. 이뿐만 아니라 곰의 겨울잠과 관련된 생리적 메커니즘을 정확하게 알아낼 수 있다면 신장병, 비만, 골다공증, 동맥경화, 담석증 등 질병으로 고통받는 사람들에게 희소식을 전할 수도 있을 것이다.

곰은 어떤 곳에서 겨울잠을 잘까? 이들이 겨울잠을 자는 곳을 동면굴이라고 한다. 동면굴은 곰의 행동을 추적해서 찾을 수 있는데, 겨울잠을 다 자고 나오면 우리 연구원들은 비로소 동면굴을 조사한다.

곰이 겨울잠을 자는 장소는 그들의 개성만큼이나 다양하다. 거센 바람에 고목나무 뿌리가 뽑혀 생겨난 아늑한 공간이나 썩은 나무의 밑동, 속이 빈 나무의 구멍을 좋아한다. 바닥에 아무것도 깔지 않아도 되고 보온도 잘되고 쾌적하게 겨울잠을 잘 수 있기 때문이다. 나무가 적은 산지에서는 바위가 겹친 부분이나 바위굴을 이용하기도 하고, 조릿대 숲에 자리를 잡기도 한다. 또는 토굴을 만들어 겨울잠을 자기도 하는데, 토굴은 땅을 파거나 팬 곳을 이용한다. 동면 장소는 대부분 지형적으로 입구보다 낮은 곳에 위치한다. 바람 같은 외부 압력을 이겨내는 지혜가 엿보인다.

곰들의 확고한 취향

곰들이 겨울잠을 자기 위해 자리를 잡고 나면 잠잘 준비를 하는데 이 또한 제멋대로다. 바위굴이나 토굴 혹은 조릿대 숲, 맨땅에 자리 잡은 곰들은 탱이를 튼다. 탱이는 새의 둥지 모양과 유사하다. 바닥에 낙엽이나 이끼 등을 깔아 만든 포근하고 따스한 보금자리를 말한다. 탱이를 만들지 않고 숲 바닥에 그냥 누워 지내는 곰도 있다. 그러다가 겨울에서 봄으로 계절이 바뀌고 눈이 녹아 액체가 된 물방울을 몸에 맞기라도 하면 곰은 진저리를 친다. 그래서 바위가 노출되거나 겹친 부위에서 잠을 자는 곰은 지붕이 확실한 곳을 찾으려 애쓴다.

지리산에 방사한 반달가슴곰이 2004년에서 2008년 사이에 이용한 동면굴을 조사했다. 바위굴의 입구 크기는 평균 가로 50 ~ 80센티미터, 세로 70 ~ 110센티미터 정도다. 나무굴은 입구 크기가 가로 27센티미터, 세로 40센티미터 정도로 작다. 나무굴은 어린 곰들이 주로 이용하기 때문에 바위굴에 비해 구멍이 작다. 동면굴 입구가 곰의 커다란 몸 크기보다 터무니없이 작지만 머리만 밀어 넣으면 그 큰 덩치가 구멍을 쑥 통과한다. 동면굴 입구가 이처럼 작은 까닭은 외부의 침입자를 막기 위함이다. 또 다른 이유는 신체적 특징으로 설명할 수 있다. 곰은 쇄골이 작고 어깨 폭이 좁기 때문에 머리만 들어가면 몸을 최대한 움츠려 몸 전체가 좁은 틈새도 빠져나갈 수 있는 특징이 있다.

동면굴에 대한 곰들의 취향은 확실한 편이다. 그들이 특별히 선호하는 동면굴이 따로 있다. 지리산 곰들은 대체로 바위굴과 나무굴을 좋아하는 경향을 나타냈다. 실제로 지난 2004년부터 2013년까지 지리산에 서식하는 반달가슴곰이 동면한 장소 57곳을 조사 연구한 결과, 바위굴 51곳(59%), 나무굴 23곳(26%), 다음으로 탱이 11곳(13%), 토굴 2곳(2%) 순으로 나타났다.

여기서 또 하나 흥미로운 사실은 우리나라에 사는 곰들은 어린 곰일수록 나무굴을 좋아하고, 어른 곰으로 성장하면서 바위굴을 점점 더 많이 이용한다는 것이다. 러시아 곰들은 나무굴을 가장 좋아한다고 보고되어 있는데, 지리산 곰들이 선호하는 동면굴 순위와는 조금 다르다는 것을 알 수 있다.

왜 이런 결과를 얻은 것일까? 정확한 이유를 알려면 앞으로 연구가 더 진행돼야 할 테지만, 아마도 곰들이 살아가는 우리나라 산과 러시아 산의 서식 환경이 다르기 때문일 것이다. 안타깝게도 지리산에는 러시아 산에서 볼 수 있는 큰 나무들이 없다. 지리산의 나무는 아직 크지도 무성하지도 않다. 곰이 활용할 수 있는 나무가 그리 많지 않다는 것이다. 곰은 몸집이 점점 커짐에 따라 나무굴로 사용할 수 있는 나무를 발견하기가 점점 어려워져 자연스럽게 바위굴을 찾게 된 것이 아닐까. 지리산의 나무가 더 크고 많아지면 곰도 더 잘 살 수 있을 것이다. 곰이 살아야 나무도 울창해지고 숲이 건강해진다.

반달가슴곰의 탄생부터 독립까지

모니터 관찰 n시간

벌써 몇 시간째 모니터를 보고 또 보며 엄마 곰을 관찰한다. 동물 행동 연구의 시작과 끝은 관찰이고, 관찰은 시간과의 싸움이다. 한참을 잘 관찰하다 자칫 지루해져 잠시 방심한 틈에 중요한 장면을 놓칠 수도 있다.

자연에서 곰의 출산을 관찰하기는 어렵다. 연구실에 보호하던 곰들 중 임신한 곰의 출산을 직접 관찰할 기회를 얻었다. 미국과 일본에서는 이미 곰 연구가 상당히 진척됐고, 그들이 출산하는 과정을 자세하게 기록한 연구물도 여럿 있다. 사람과 마찬가지로 곰 역시 출산할 때 고통스러워하는 행동을 취한다고 한다. 신음을 하거나 자주 뒤척이거나 가끔은 앉기도 하고 무거워진 숨을 고르기도 한다는 것이다. 그렇지만 엄마 곰이 겪는 진통의 강도와 출산하는 동안 시시각각 변하는 건강 상태까지 파악하기는 쉽지 않은 것 같다.

연구실에 설치한 CCTV로 보이는 엄마 곰의 행동이 부산해졌다. 출산이 임박해져서인지 다른 때보다 움직임이 많아졌다. 하지만 심한 고통을 느끼는 것처럼 보이지는 않고 몸을 뒤척이거나 돌아눕는 정도였다. 그러기를 몇 차례 반복하더니 작은 생명이 눈에 들어왔다. 엄마 곰은 혀로 새끼 곰의 몸을 핥고, 새끼 곰은 본능적으로 어미의 젖가슴을 파고든다. 보호시설에서의 출산이라 해도 바로 새끼 곰을 확인할 수 없다. 민감해진 엄마 곰을 자극하지 않기 위해서 한 달에서 두 달 정도 지나서야 새끼를 직접 확인할 수 있다.

엄마 품을 떠날 준비

4월 햇살이 따스한 날, 태어난 지 2개월이 지난 새끼 곰의 본격적인 건강검진이 이뤄졌다. 제법 젖살이 오른 새끼 곰의 무게는 약 4킬로그램으로 아주 건강했다. 새끼에게 자연에서 살아가는 방법을 알려 주기 위해 엄마 곰과 함께 자연적응 훈련장으로 옮겨졌다. 이곳에서 위험에 처했을 때 나무 위로 피하는 방법, 먹이를 구하는 방법 등 생존하는 방법을 배운다. 우리가 행동을 관찰하기 위해 조심스럽게 접근하다 소리라도 나면 엄마 곰은 재빠르게 새끼 곰을 나무 위로 올리고 따라 올라간다.

그렇게 더운 여름을 보내고 지리산에 먹을 것이 많아지는 가을이 오면 새끼 곰은 엄마 곰을 떠날 준비를 한다. 10월 중순 15킬로그램까지 무럭무럭 자란 새끼의 건강을 체크하고 전파 발신기를 부착한다. 이제 자연으로 돌아갈 시간이다. 충돌을 예방하기 위해 사람을 만나면 피하도록 훈련을 한다. 사람을 만나면 좋지 않다는 나쁜 기억을 심어주는 것이다. 실제 농가에서 재배하는 벌통을 달아놓고 주변에 전기펜스를 설치하여 곰이 벌통에 접근할라치면 호되게 당하는 훈련도 빼놓지 않고 시킨다. 그간 관찰한 행동을 분석하여 야생성이 뛰어난 새끼 곰은 자연에 방사한다.

어엿한 다섯 살

엄마 곰과의 이별은 또 다른 시작이다. 자연의 큰 품에 안겨 새로운 생활을 해야 한다. 시간은 빠르게 흘러 일 년이 지났고 난 다시 곰을 만나러 간다. 제법 잘 자란 곰은 개체마다 차이가 있긴 하지만 20~30여 킬로그램이 나간다. 북실북실한 털이 제 몸무게보다 몸집을 더 크게 보이게 한다. 네 살이 되면 곰은 이제 청년 곰으로

서의 위상을 갖춘다. 불과 4년 전 갓 태어났을 때 300그램 정도에 지나지 않았던 새끼가 80~90킬로그램 이상 나가는 커다란 성체가 된다. 다섯 살이 된 곰은 100킬로그램이 넘는 어엿한 어른 곰이다.

그렇게 곰도 나이를 먹고 사랑을 하고 또다시 새로운 생명을 잉태한다. 하지만 모든 곰이 같은 형태와 방식으로 살아가지 않는다. 각자의 개성에 따라 제각기 다른 삶을 살아간다. 모든 생명은 행동과 모습 그 어느 것 하나도 같지 않은 다양한 삶의 방식을 택해 살아간다. 각자 자기만의 스타일로.

동물의 개성은 생존 전략

최근 몇 년 전부터 동물의 개성에 관한 연구가 활발히 진행되고 있다. 사람만이 아니라 동물도 개성을 가지고 있다! 한 동물집단을 대상으로 한 실험에서 개체마다 행동 유형이 조금씩 다르게 나타났는데 그 이유가 각각의 개체가 지닌 서로 다른 개성 때문임을 입증하는 기사가 과학 전문잡지 「네이처」에 실린 적이 있다. 거미, 물고기, 도마뱀, 새 그리고 침팬지에 이르기까지 많은 종의 동물이 개체별로 구분되는 개성을 가지고 있다.

네덜란드 그로닝겐대학 연구팀은 “동물의 개성은 우연히 형성된 것이라기보다 복잡한 진화 과정에서 나타난 전략의 산물”이라고 말했다. 동물의 개성은 한 종으로의 분화 또는 생존에 많은 영향을 준다는 것이다. 동물의 개성을 연구하는 것은 환경 적응과 종 분화에 대한 풍부한 자료가 되기 때문에 끊임없이 연구되는 부문이다.

동물 개성에 관한 또 다른 연구결과가 있다. 독일 루트비히 막시밀리안대학 연구팀은 4년간 박새 541마리를 추적했다. 개체수가 늘어나면 생존 경쟁이 심해지는데 이때 외향적인 새는 다른 새와 다투는 일이 잦아 자연스레 많이 다치고 유순한 박새에 비해 자손이 적은 것을 확인했다. 개체수가 많아 생존 경쟁이 치열할수록 수줍음이 많은 박새가 잘 산다는 뜻이다. 하지만 개체수가 줄어들면 외향적인 새가 생존에 더 유리하다. 호기심이 많아 생존에 필요한 지식을 더 빠르게 습득하고 더 빠르게 전파하기 때문이다.

적응과 성격은 별개

곰의 출산과 성장을 관찰하면서 곰도 개체별로 성격이 다르다는 것을 알았다. 어떤 녀석은 호전적이고 매우 활달했고, 또 어떤 녀석은 아주 예민하고 소심했다. 야생에서 살아가기에는 활발한 녀석이 더 적합할 것이라 판단했다. 하지만 두 녀석을 방사한 후 자연에 적응하는 과정을 모니터링하면서 내 판단은 성급했음을 알았다. 소심한 곰은 위험한 일을 전혀 하지 않고 자기 영역에서만 활동했다. 예측되지 않은 충동적 행동은 한 번도 하지 않고 아주 잘 적응하면서 어린 시절을 보낸 뒤 성체가 되었다.

반면에 활발한 성격의 곰은 활동성이 넘쳤고 호기심을 주체하지 못했다. 여기저기 기웃거리면서 처음엔 아주 잘 적응하는 듯 보였다. 사람과의 접촉이 전혀 없는 곳이었다면 다른 결과로 이어졌을지도 모르지만 지리산은 충돌의 위험이 있는 곳이다. 녀석은 활동 범위를 서서히 넓혀 가더니 넘지 말아야 할 선을 넘었다. 아니, 자연에는 넘지 말아야 할 선은 없다. 사람들이 벌을 키우는 곳도 곰 입장에선 자기의 영역이다. 꿀통을 먹기 위해 농가에 피해를 준 녀석은 그 후로도 침입을 멈추지 않아 결국 회수될 수밖에 없었다. 곰들이 저마다 지닌 개성은 그들의 생존 문제와도 연결된다는 것을 알 수 있었다. 곰의 개성은 앞으로 더 많은 연구를 통해 검증해야 할 부분이 많다. 제대로 연구를 진행한다면 곰의 개성에 대한 보다 명확한 결론을 얻을 수 있을 것이다.

4부

반달가슴곰과
인간의 해피 투게더

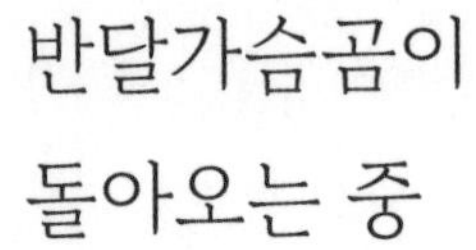

반달가슴곰이 돌아오는 중

어이구! 저놈의 곰

2008년 여름, 일 때문에 경상도 진주를 방문한 적이 있다. 밥 때도 되고 해서 식당을 찾았다. 한쪽에서 식사를 하는데, "어이구! 저놈의 곰 때문에 못살아." 하고 주인아주머니가 넋두리를 한다.

곰이 지리산을 벗어나 도심 한가운데까지 와서 밥을 먹었을 리도 없고 식당에 해 끼칠 일도 없었을 텐데 참 의아했다. 왜 그러시냐고 물었더니 곰이 꿀단지를 좋아해서 농가에 피해를 입힌다는 것이다. TV에서 나오는 뉴스를 듣고는 곰 때문에 못산다고 하는 소리였다. 여름이니 한창 언론에서 곰 때문에 입는 피해를 다루고 있긴 하다.

곰들에게는 여름이 조금 힘든 시기다. 아직 산속에는 열매가 풍성하지 못하다. 개미나 곤충, 애벌레도 먹지만 곰의 배를 채우기엔 부족하다. 야생에 사는 동물이라면 당연히 겪는 일이다. 이럴 땐 다른 먹이를 찾아 지리산을 헤맨다. 바위틈에 벌들이 집을 짓고 사는데 이게 곰에게 참 맛있는 먹이다. 나무 구멍에도 벌들이 집을 짓고 사는데, 그것도 좋다.

애석한 일은 곰이 좋아하는 꿀과 애벌레를 그들이 채 먹기도 전에 사람들이 먼저 알고 먹어 버리는 것이다. 심지어 몸에 좋다고 하여 고가에 거래된다. 어쩔 수 없이 곰은 산 밑까지 내려오고 사람들이 재배하는 벌통을 발견한다. 녀석들은 먹을 것 앞에서는 한없이 집중력을 발휘한다. 당연히 꿀을 보고 그냥 지나치지 않는다. 그러다 보니 곰과 사람이 충돌한다. 이런 일을 두고 누구의 잘잘못을 따질 수 있을까?

삶 속에 스며드는 곰들

곰 때문에 못살겠다는 식당 아주머니는 곰의 복원과 아무런 관련이 없을까? 실제 복원이 진행되는 지역에 살지 않기 때문에 직접적인 관련이 없다고 생각할 수 있다. 하지만 곰을 복원하는 일이 성공하기 위해서는 그 식당 아주머니도 정말 중요한 관련자다. 한 사람 한 사람의 관심과 사랑이 지리산 곰을 살릴 수도 그렇지 않을 수도 있기 때문이다. 제대로 알고 올바른 사랑을 해야 한다.

반달가슴곰 복원 프로젝트가 시작된 지 10년도 더 지났을 때, 곰을 향한 사람들의 인식이 많이 바뀌었다. 처음 곰을 방사한다고 했을 때 지리산 지역에서는 사람과의 충돌을 걱정하는 우려의 목소리가 높았다. 끊임없는 대화, 교육, 만남을 통해 복원을 왜 해야 하는지 알렸고, 피해에 대한 충분한 대책도 마련했다. 반달가슴곰 복원은 지리산 지역 주민과 함께 한 걸음 한 걸음 나아갔고 주민들의 부정적인 생각과 걱정은 차차 옅어졌다.

지리산 인근 마을은 곰 때문에 활기를 띤다. 전라남도 구례에서는 곰이 지리산에 잘 살고 있다는 것을 알리는 데 적극적이다. 전봇대마다 곰 사진을 붙이거나 각종 홍보물로 곰의 안부를 전한다. 이뿐만 아니라 곰이 지역 특산물과 만나 구례의 반달가슴곰 쌀, 반달곰 꿀, 남원의 반달곰 사과 등 다양한 지역 특산물 브랜드로 새롭게 태어났다.

반달가슴곰 여자씨름단, 반달가슴곰 여자축구단 등 지역을 대표하는 선수단 이름에도 곰이 들어간다. 경상남도 의신마을은 '베어빌리지'라는 이름으로 거듭나고 있다. 골칫거리라 여겼던 곰이 이제는 지역을 알리는 귀한 존재로 탈바꿈하고 있다. 이런 변화는 반달가슴곰 복원에 대한 지역 주민의 인식이 바뀌고 있다는 것을 보여준다.

하지만 여전히 사람들은 왜 곰을 복원하는지, 그게 왜 지리산인지, 왜 곰이 다시 지리산에 살아야 하는지 의문이다. 생물 종을 복원하기 위해서는 우선 복원 대상 종과 그들이 살기에 알맞은 서식지가 있어야 한다고 했다. 지리산은 이런 조건을 충분히 갖춘 곳이다. 얼마 남아 있지는 않지만 야생 반달가슴곰들이 있고, 먹이가 풍부한 서식 공간이다. 이런 점이 지리산을 택한 이유다.

지리산에 살아야 하는 이유

조금 더 구체적으로 살펴보면, 지리산은 1967년 12월 29일 최초의 국립공원으로 지정됐다. 지리산국립공원의 면적은 483.022제곱킬로미터로 산악형 국립공원 중 가장 넓다. 더욱이 야생동물의 주요 먹이자원인 식물이 다양하게 분포하고 있어 우리나라 핵심 생태계를 이룬다. 국립공원을 지키는 직원들은 365일 매일같이 자연자원을 보전하고 관리한다. 야생동물에게 위협이 되는 엽구나 불법 포획도구 등이 설치되지 못하도록 예방에 힘쓴다. 사전 예방에도 불구하고 발생된 불법 행위는 엄중히 처리함으로써 재발하지 않도록 관리한다. 이러한 노력으로 지리산은 아주 건강하다. 지리산에서 생물 종을 복원하는 이유를 여기서 찾을 수 있다. 지리산은 멸종위기에 놓인 야생동물들을 복원하는 중심지가 됐다. 지리산을 비롯한 국립공원들은 생물 종의 마지막 피난처이자

인간과 생태계를 이어주는 연결고리다.

생물 종의 멸종을 늦추고 다시 정상적으로 살아갈 수 있도록 도와줄 최선의 방법은 무엇일까? 자연을 있는 그대로 보전하고 생태계를 건강하게 유지하는 것이 아닐까 싶다. 하지만 이러한 목적으로 시작된 지리산 곰 복원도 처음부터 그리 쉽지만은 않았다. 앞서 이야기했듯이 새롭게 들여올 곰에 대한 지역 주민과의 갈등과 곰의 유전적인 문제, 서식지 문제, 검역 문제 등 풀어야 할 많은 문제를 안고 출발했다.

여전히 복원 실패에 대한 염려의 목소리가 있다. 복원은 단기간이 아닌 장기적인 시간이 필요하다. 조금 더 기다리고 지켜보아야 한다. 곰이 태어나서 성체가 될 확률은 높지 않다. 또 자연으로 돌아간 곰이 죽을 수도 있고 다시 회수될 수도 있다. 하지만 현실은 곰 한 마리 한 마리의 문제에 너무 촉각을 곤두세운다. 곰과 사람 사이에 조금이라도 잡음이 일 때마다 복원의 근간부터 흔들어 댄다. 잊지 말아야 할 사실은 곰이 있어야 지리산도 건강하고 우리도 함께 살 수 있다는 것이다.

지리산을 터전으로 삼은 곰과 사람의 현명한 공존이 필요한 시대다. 자연의 산물을 이용하여 사는 것이 인간의 기본 활동이라고 하지만, 오늘날 우리는 다른 방법으로 다양한 먹을거리를 구할 수 있다. 그렇다면 지리산에서 나는 자연 산물을 곰에게 좀 더 양보하는 것은 어떨까? 생태계의 핵심 지역인 지리산을 그대로 두는 것은 어떨까? 그것이 우리가 곰과 자연에게 해 줄 수 있는 최소한의 책임일 것이다.

지리산을 이용하지 말자는 게 아니다. 자연에 대한 예의를 갖추자는 것이다. 곰이 살 수 없는 땅이라면 언젠가는 사람도 살 수 없게 된다. 곰이 함께하는 지리산이 결국은 우리에게 생명줄이 될 것이다.

일 년에
한 번은
봐야 하는 사이

쫓고 쫓기는 두뇌 싸움

"곰은 날씨에 대단히 민감하다. 언제나 큰 눈이 오기 전에 동면굴에 들어간다. 이동 중 길 위에 눈이 내려 흔적이 찍히면 그들은 주변의 은신처에 머물렀다가 눈이 녹으면 다시 동면굴을 향한다. 늪이 있다면 늪을 따라 여행을 한다."

곰을 전문적으로 사냥하는 러시아의 한 사냥꾼이 기록한 일지다. 자신의 흔적까지 신경 쓰며 이동하는 곰은 보통 영리한 게 아니다. 실제로 이들의 뇌는 몸 크기에 비해 상대적으로 크며 장기기억력이 탁월하고, 간단한 개념을 이해할 줄 아는 매우 지능적인 동물이다. 단 한 번의 경험으로 먹이 위치, 위험요소, 포획도구, 총소리 등을 배우고 기억한다. 심지어는 손잡이를 돌려 문을 열고, 병뚜껑을 따고, 사람 옷이나 차량을 기억한다. 곰의 지능은 다른 동물에 비해 높은 편인데 원숭이 같은 유인원의 지능과 비슷한 수준이라고 한다. 해외 연구 자료를 보면 곰의 지능지수IQ가 다섯 살 정도의 어린아이 수준임을 알 수 있다.

곰의 높은 지능은 일 년에 한 번 녀석들을 생포해야 할 때 일을 어렵게 만드는 요인이기도 하다. 수시로 그들의 위치를 생중계해 주는 발신기의 배터리 수명은 일 년 정도밖에 안 된다. 사정이 이렇다 보니 일 년에 한 번은 곰을 생포해서 발신기를 교체해 줘야 한다. 또한 수의사들이 정기적으로 여러 가지 검사를 해서 이들의 건강 상태를 살핀다. 매년 곰의 키, 몸무게 등 머리부터 발끝까지 각종 신체 수치를 재서 녀석들이 얼마만큼 성장했는지를 확인한다. 이러한 이유로 우리는 일 년에 한 번은 곰과 직접 만나야 한다. 이는 그들이 스스로 생존할 수 있도록 돕는 일이다.

그런데 살아 있는 곰을 어떻게 잡을 수 있을까? 그들이 아직 어릴 때는 몰이를 해서 잡았다. 또 곰은 위험에 처하면 나무 타기로 피하는 특성이 있다. 녀석들이 나무에 오르면 재빨리 마취를 하고 생포한다. 하지만 다 성장하고 나면 이러한 방법이 잘 통하지 않는다. 두려움이 줄고 움직임이 빨라지면서 산의 지형지세에 익숙해진다. 더는 나무에 오르지 않는다. 어른 곰이 산에서 달릴 수 있는 속도가 시속 30~40킬로미터는 족히 되기 때문에 보통 사람의 달리기 실력으로는 그들을 따라잡기 힘들다.

더욱이 영리한 녀석들은 연구원들을 알아보는 듯하다. 확실히 다른 동물들이 사람을 보고 놀라서 나오는 행동과 구별된다. 곰에 부착한 발신기 소리를 따라 추적하다 보면 얄미울 정도로 정말 잘 도망간다. 단순히 도망가거나 숨는 게 아니라 우리를 골탕 먹인다. 우리가 계곡으로 쫓아가면 곰은 슬쩍 능선으로 올라간다. 다시 능선으로 쫓아 올라가면 계곡으로 내려간다. 한번은 짊어지고 간 배낭을 한곳에 모아놓고 최소한의 장비만 챙겨서 추적에 나섰는데, 곰이 우리를 배낭에서 멀리 떨어진 곳까지 가게 만들고선 어느새 왔는지 배낭을 열어 뒤적인 적도 있었다.

자체제작 생포트랩

곰을 생포하려면 다른 방법이 필요했다. 그들의 행동과 생태 연구가 많이 수행된 해외 자료에 나온 생포트랩을 활용하기로 했다. 곰을 생포하는 데 쓰이는 트랩은 미국이나 캐나다의 경우 전문 제작업체가 있고 개당 제작단가가 2,000만 원 이상을 호가하여 가격 부담이 있다. 또한 지리산처럼 협곡과 능선이 발달한 산에 적합하지는 않았다. 무게가 많이 나가고 부피가 커서 이동에 제한

이 많았다. 우리 사정과 현실에 맞는 생포트랩을 제작해야 했다. 단돈 50여 만 원 정도 들여서 산세가 발달한 우리나라 지형에 맞는 분리형 트랩을 만들었다.

하지만 영리한 곰은 생포트랩에 들어갔다 나오기를 한두 번 하고 나면 잘 들어가지 않는다. 생포트랩에 들어갔다 나온 곰은 잡히는 게 얼마나 불편한지를 몸소 깨닫는다. 그러고선 트랩에 들어가지 않고도 그 안에 있는 꿀단지를 가져오는 방법을 터득한다. 우선 어깨를 트랩 입구에 걸쳐서 트랩 입구 차단막이 닫히지 않게 한 후 발로 꿀단지를 끌어 밖으로 빼낸다. 하지만 모든 곰이 이런 방법을 터득하지는 못한 것 같다. 대부분은 트랩 안쪽에 있는 달달한 꿀이 있어도 주변을 여러 번 두리번거리다 먹이의 유혹을 참고 그냥 간다. 하지만 달콤한 유혹을 참지 못하고 트랩 안으로 겁 없이 들어오는 녀석도 있다.

지금 지리산에 살고 있는 곰들은 선구자다. 조금 힘들겠지만 어려움을 극복하고 지리산의 진정한 주인이 돼야 한다. 그래서 오늘도 우리는 추적과 생포트랩, 동면굴 포획 등 다양한 방법으로 곰을 만난다. 야생성을 잃어버릴 수 있다는 우려도 있지만 그들이 완전히 적응할 때까지는 계속해야 할 것이다. 그들 스스로 살 수 있는 그날이 오기를 기다리며 일 년에 한 번은 곰을 만나야 한다.

 박사의 메모

생포트랩은 드럼통을 연결해서 만드는데 곰의 크기에 따라 2개나 3개를 연결해서 사용한다. 트랩 앞쪽에는 철판으로 만든 차단막이 있는데, 이 차단막은 드럼통 안쪽에 놓인 꿀단지 미끼와 줄로 연결돼 있다. 꿀을 좋아하는 곰이 생포트랩 안의 꿀단지를 보고 안으로 들어가 꿀이 담긴 그릇을 당기면 드럼통 앞에 설치된 철판이 닫혀 포획하는 방법이다. 포획된 녀석은 수의사의 검진을 받고, 연구원들은 발신기 교체 등 연구를 진행한다.

반달가슴곰 행동권 조사

곰 목에 발신기 달기

현장에 설치한 생포트랩을 점검하기 위해 산을 올랐다. 의아하게도 생포트랩의 문짝이 휘어져 있었다. 누군가 트랩에 손을 댄 것이다. 분명 사람이 아니면 이런 일을 할 수 없다. 궁금증은 카메라에 촬영된 동영상을 보고 풀렸다. 화면에 시커먼 앞발(손)이 쑥 나타나더니 생포트랩의 앞쪽 철판을 잡고 마구 흔들기 시작했다. 앞발(손)에 힘이 들어간 듯 보였는데 이내 철판이 구부러지는 게 아닌가. 자세히 보니 사고를 친 범인은 두 번이나 트랩에 잡혔던 곰이다. 카메라에 찍힌 이러한 곰의 행동은 오직 사람만 머리를 쓴다는 나의 생각을 바꾸기에 충분했다. 곰을 포획하기 위해 생포트랩을 설치하면 그 전면에 무인센서카메라를 달고 그들의 행동을 관찰한다. 앞쪽 철판은 트랩의 문 역할을 하는 것으로 위에서 아래로 닫히게 설계됐는데, 철판이 휘어지면 문이 제대로 닫히지 않아 생포트랩이 제 기능을 하지 못한다. 짧은 동영상 속 녀석은 생포트랩을 망가뜨리고서 통 안으로 들어가 여유롭게 꿀을 먹고 유유히 사라졌다. 텅 빈 꿀단지가 그 사실을 말하고 있다.

지리산에 새 터전을 잡은 곰들이 잘 살고 있을까? 어떤 곳에 보금자리를 틀어서 살고 있을까? 이런 질문의 답은 발품을 팔아야 얻을 수 있다. 똥, 발자국, 보금자리 등 곰이 남긴 흔적을 찾아 지리산 구석구석을 다녀야 알 수 있다. 무선추적장치나 무인센서카메라로 알아볼 수도 있다. 처음 곰을 지리산에 풀어놓을 때 발신기를 달아서 보낸다. 발신기는 무선추적장치다. 발신기에서 나오는 전파를 수신기로 확인해서 그들의 위치를 알 수 있다. 직접 확인하거나 인공위성을 통해 확인한다. 또는 휴대폰 통화를 위해 설치한 기지국을 이용하는 방법도 있다. 그런데 이 발신기를 부착하는 게 여간 어려운 일이 아니다. 이들은 겨울잠에 들기 전과 후의 몸무게 변화가 심하다. 살이 찌면 목에 착용한 발신기가 조여들어 상처가 나기 쉽다. 느슨하게 착용하면 바로 앞발을 이용해 벗겨낸다. 발신기를 목에 착용시키는 게 어렵다 보니 귀에 부착하는 귀 발신기를 많이 이용한다. 하지만 배터리 용량과 기술적인 문제 때문에 실시간으로 신속하고 정확한 자료를 확보하기가 쉽지 않다. 최근 생물 종의 특성에 맞는 부착 기술이 개발됐다. 시험 부착해 모니터한 결과 좋은 성과를 얻었다. 목에 상처가 없이 잘 부착됐고 벗겨지지도 않았다. 지리산의 지형 특성상 위성 수신율이 좋지는 않지만 실시간으로 신속하게 곰의 위치를 확인할 수 있게 됐다.

반달가슴곰의 룸쉐어

이제 위치 추적으로 곰이 잘 살고 있는지 알 수 있다. 위치 추적 데이터를 분석하면 그들이 어디에 사는지, 어떤 환경인지 알 수 있다. 그뿐만 아니라 언제 어떻게 활동하는지, 어디로 이동하는지, 활동 영역은 얼마나 넓은지 등 다양한 정보를 알아낼 수 있다. 곰이 먹이를 먹고, 새끼를 낳아 기르고, 잠을 자고, 숨기 위해 활동하는 모든 지역을 통틀어 행동권이라 한다. 행동권을 분석하다 보면 그들에게 궁금했던 의문들이 하나둘 풀린다.

곰들은 자기만의 영역을 가지고 산다. 제 땅을 확보해서 사는 것이다. 하지만 사람처럼 명확하게 내 땅 네 땅을 구분 짓지 않는다. 서로 공유하면서 산다. 현재 지리산 곰들은 자신이 사는 땅의 30 ~ 40% 정도를 다른 곰들과 공유한다. 먹을 것이 많고 환경이 좋은 지역은 더 많은 곰과 공유한다. 이러한 정보는 곰의 행동권을 분석하며 안 사실이다. 그들의 행동권 범위는 나이, 성별, 사는 지역의 환경에 따라 다르게 분석된다. 대부분 활동력이 좋은 수컷 곰의 영역이 암컷 곰보다 더 넓게 나타난다. 겨울에는 곰들이 겨울잠을 자기 때문에 행동권이 아주 좁다. 봄, 가을보다 여름에 행동권이 넓게 나타나는데, 여름에는 먹이 활동뿐 아니라 짝짓기를 위해 수컷 곰이 더욱 왕성하게 움직이기 때문이다. 암컷을 향한 수컷의 발걸음이 바쁘다.

지리산에 방사한 곰들은 이처럼 무선추적장치를 활용하여 위치를 확인할 수 있지만, 본래 야생에 살고 있던 곰은 추적장치가 없다. 또 방사한 곰이라 해도 가끔 수신이 되지 않거나 장치에 이상이 생기기도 한다. 그럴 때는 추적이 불가능하다. 우리 눈으로 곰을 직접 볼 수 있으면 좋을 텐데, 그러기가 쉽지 않아 렌즈를 통해 녀석들을 확인한다.

곰의 생존이 걸린 연구

카메라는 곰에게 어떠한 피해와 방해도 주지 않고, 24시간 곰을 기다린다(다만 곰이 카메라를 물거나 앞발로 치며 놀 때도 있다. 아주 가끔). 특별히 곰만 촬영되는 것은 아니다. 당연히 다른 동물들도 카메라에 잡힌다. 사진이 여러 장 찍히면 그중 곰이 찍힌 사진을 가지고 분석한다. 사진을 보면서 곰들의 형태가 어떻게 다른 지를 비교하며 곰들을 알아보는 재미도 있다. 반달가슴곰은 가슴에 V자 형태의 반달무늬가 있어 좋다. 무늬가 곰마다 조금씩 달라 쉽게 개체를 알아맞힐 수 있다.

우리는 카메라 렌즈를 통해 곰의 사생활을 엿본다. 렌즈는 곰이 어떤 모습으로 살아가는지 있는 그대로 비춘다. 무인센서카메라는 설치도 간편하고 자료 확인도 편하다는 장점이 있다. 하지만 곰이 사는 지역이 넓다 보니 일일이 카메라를 달고 관리하기가 쉽지 않다. 한 달에 최소 한 번은 배터리를 갈아 주고 다른 이상이 있는지도 점검해야 한다.

카메라가 설치된 곳은 주로 곰이 지나다니는 길목이다. 그들이 이동하는 길 중 많은 지역은 조릿대가 무성하고 지형도 험하다. 이런 곳에 한 번 들어갔다 나오기만 해도 기진맥진하게 된다. 하지만 한 마리의 곰이라도 더 관찰하려면 이를 악물어야 한다. 힘 빠진 다리로 무리하다 보면 발목이나 종아리가 쑤시고 아프기 일쑤이다. 설치한 카메라 대수와 연구자의 고생은 비례한다. 간혹 불법으로 산행하는 사람들이 카메라를 보고 놀라서 부술 때가 있다. 그간 찍은 자료는 물론 카메라도 잃는다. 여간 큰 손실이 아니다.

이 모든 연구는 곰의 생존을 돕기 위한 노력이다. 과학적 연구와 자료 분석은 그들이 하루빨리 지리산에서 안정적으로 살 수 있도록 해 준다. 이것이 과학이 지닌 힘이다. 하지만 일각에서는 과학보다 인도적인 면을 이야기한다. 자연에 방사한 후 그냥 두는 것이 가장 좋은 방법이라는 주장이다. 자꾸 괴롭히면 곰이 살아가기 어렵다는 것이다. 그것도 옳은 말이다. 하지만 방사한 곰들이 어떻게 살아가는지를 알아야 지리산에 더 많은 곰이 살게 할 수 있다. 과학적 연구는 이를 위한 필요조건이다. 우리가 그들을 도울 수 있게 기본을 만드는 것이다. 더 많은 곰이 자연에서 뛰어놀 그날을 앞당기는 것이다.

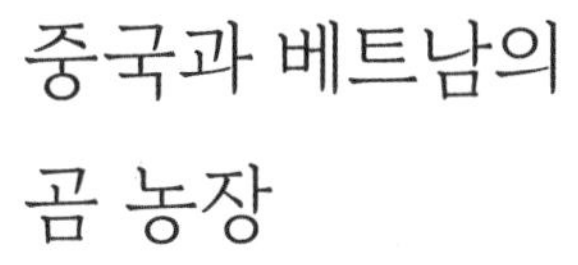

중국과 베트남의 곰 농장

웅담을 권하는 사람들

도대체 사람들은 웅담이라면 왜 그토록 달려드는 것일까? 웅담을 찾는 몇몇 사람과 이야기를 나눠 봤다. 남자에게 좋다며 괜히 얼굴을 붉히는 아주머니가 있었고, 몸보신에 그만한 게 없다며 나에게 천연 웅담을 권하는 아저씨도 있었다. 웅담이 정력을 증진시키고 보신제로서 효능이 좋다는 속설은 아주 오래됐다. 특히 우리나라를 비롯해 중국, 베트남 등 한의학이 발달한 아시아권에서 이런 속설에 대한 믿음이 강했고, 웅담을 얻으려 곰을 많이도 사냥했다. 그러다 자연에서 직접 잡기가 어려워지자 사육하기 시작했다. 살아 있는 곰의 가슴에 속칭 빨대를 꽂아 웅담을 채취하고 판매했다. 하지만 이런 행위는 곰을 학대하는 일임은 물론 빨대(관)를 꽂은 부위에 생겨난 염증으로 도리어 인체에 해롭거나 치명적인 바이러스를 침투시키는 자해 행위나 마찬가지다.

일부 국가에서 아직도 이러한 행위가 일어나고 있다. 분명한 수요가 있기에 가능한 게 아닐까 싶다. 한국과 중국 등 일부 국가에서 곰 사육은 합법이다. 그렇지만 여전히 다른 많은 나라에서 야생 곰을 사육농가로 유입하여 상품화하는 등 불법적인 사육이 이뤄지는 실정이다. 곰이 야생에서 점점 사라지는 이유이기도 하다. 여기서 곰 사육이라 함은 동물원이나 보호기관 등이 아닌 일반 농장에서의 사육을 말한다. 지금부터 중국과 베트남의 곰 사육 현실은 어떠한지, 2008년 여름날 직접 현장을 다녀온 이야기를 하고자 한다.

곰 사육의 엉터리 논리

중국은 채취한 웅담으로 다양한 상품을 만들어 판매하는 행위가 공공연히 이뤄진다. 소규모로 채취하던 방식을 한층 발전시켜 대규모로 운영하는 공장식으로 변모했다. 현지에서는 곰 농장 홍보를 대대적으로 하고 있었고, 내가 찾아간 곰 농장은 2,000여 마리의 곰을 사육하고 있었다. 세계적인 환경단체의 거센 항의에도 그들은 아랑곳하지 않고 현대식 공장형 농장에서 웅담을 채취했다. 게다가 곰 사육에 자체 논리를 개발해 내세웠다.

즉, 곰을 사람들에게 보여 주기 위한 전시용 그룹과 휴식을 취하게 하는 휴식용 그룹, 웅담을 얻기 위한 채취용 그룹으로 나누어 관리한다는 것이다. 이 세 그룹은 일 년마다 그 역할이 바뀐다. 그러면 모든 그룹의 곰이 3년에 한 번씩 충분히 휴식을 취하므로 웅담을 채취해도 그들의 건강에 전혀 무리가 가지 않는다는 논리다.

더군다나 비위생적이었던 웅담 채취 과정에 첨단과학 기술을 도입해 문제를 해결했다고 주장했다. 곰 쓸개의 2/3 지점까지만 염증을 일으키지 않는 단백질 관을 삽입하여 웅담을 채취한다는 것인데, 이때 전체 쓸개즙의 1/3만 채취하는 형태로 잉여의 쓸개즙을 채취하는 셈이니 동물에게 무리가 안 가고 위생적이니 아무 문제가 없다는 말이었다. 이러한 웅담 채취 시술은 1980년대 북한의 학자들이 개발했다고 한다. 거기에 중국 과학자들까지 이 논리를 지지해 주고 나섰다. 즉, 사육 곰 한 마리가 1년간 생산하는 쓸개즙의 양은 야생 곰 200여 마리를 잡아야 얻을 수 있는 양이므로 그 수만큼을 보호할 수 있다는 것이다.

어찌 받아들여야 할지 모를 이런 혼란스런 논리를 개발해 놓고, 이를 대대적으로 홍보한다. 한데 여기에 얼마나 많은 한국 사람이 찾아오는지 중국 곰 농장 안내 책자에 한글이 병기돼 있었다. 참으로 낯 뜨거운 풍경이었다.

베트남의 곰 사육 농가 또한 곰을 위한 배려가 그리 넉넉해 보이지 않았다. 곰 사육 농가를 간다고 했는데, 도착한 곳은 도심에 위치한 평범한 주택 같은 곳이었다. 우리나라 시골 사육 농가를 머릿속에 그리고 있다가 도시 한복판에 있는 일반 가정집을 마주해서 적잖이 놀랐다. 입구를 지나 안으로 들어가니 비릿한 냄새가 코를 찔렀다. 안쪽 문을 열고 들어가니 철창 속에 곰들이 즐비했다. 한 평도 안 되는 비좁은 공간에 곰들이 앉았다 섰다를 반복했다. 낯선 사육 농가 풍경에 놀랐고, 그 비좁은 곳에 곰 100여 마리가 있어 또 한 번 놀랐다. 또 다른 곳은 약재상을 운영하는 가게였다. 안으로 들어가니 역시 같은 형태의 곰 사육 시설과 곰들이 있었다. 규모의 차이만 있을 뿐 그곳 또한 동물 위한 어떠한 배려도 찾을 수 없었다.

이처럼 베트남의 곰 사육 농가는 도심 한가운데 있다. 이곳에서 곰을 사육하는 사람들은 상류층 이상 되는 사람들이라고 한다. 그들은 본업은 따로 있고 대부분 부업으로 곰을 사육한다. 베트남에서 사육하는 곰들의 운명은 중국과 비슷했다. 웅담이나 쓸개즙 생산이 목적이었다.

피로 해소제는 약국에서

과연 웅담은 정력제와 보신제로서 효능이 있을까? 실제로 한의학 문헌에 웅담의 효능이 나와 있다. 『동의보감』에는 안질(눈병)과 악창(고치기 힘든 부스럼)에 웅담을 바르면 효과가 있고, 유행성 황달, 즉 감염성 간염에 의한 황달에 웅담을 내복하면 효과가 있다고 나온다.

웅담이 지닌 이런 효능은 그 핵심 성분인 우르소데옥시콜산 Ursodeoxycholic acid, UDCA에서 기인함이 과학적으로 밝혀졌다. UDCA는 간에서 1차적으로 쓸개즙의 형태로 합성돼 장으로 이동한 뒤 장내 미생물과 대사 작용을 하고 나서 간으로 재흡수되는 3차 쓸개즙산이다. 쓸개즙산은 지방이 물에 녹을 수 있도록 작은 덩어리로 만들어 소장에서 흡수되게 한다. 또한 UDCA는 쓸갯길(담관) 내에 독성 물질로부터 세포 보호 작용, 면역 반응 변화, 쓸개즙 분비 촉진 등의 작용을 함으로써 간에 쌓일 노폐물과 UDCA가 대체돼 간세포를 보호하고 해독 작용을 한다.

이처럼 UDCA는 간에서 지방이나 독성 물질을 분비하는 통로인 쓸개즙 경로를 활성화시키는 방식으로 지방의 소화를 돕고 간을 회복시켜 간 기능에 도움을 주는 유용한 물질이다. UDCA는 곰의 쓸개즙에 30% 정도 들어 있다. 사람의 몸속에도 들어 있지만 5% 정도밖에 되지 않는다. 하지만 건강한 사람이라면 이 정도로 충분하다. 1936년 과학자들은 UDCA의 화학구조를 밝혀냈고,

화학적으로 합성이 가능해져 이 물질이 정말로 필요한 사람들에게 희소식을 안겼다.

이렇듯 한의학이나 약리학 그 어디에서도 정력제나 보신제로서 웅담의 기능은 찾아볼 수 없다. 정력을 위해 또는 자양강장을 위해 굳이 곰의 웅담을 먹을 필요가 전혀 없다는 것이다. 게다가 몇십 년 전부터는 UDCA를 다량으로 농축시킨 알약이 만들어져 약국에서 쉽게 구입할 수 있게 됐다. 그 알약에는 UDCA가 곰 한 마리의 웅담에서 얻을 수 있는 양보다도 훨씬 많이 들어 있을 뿐 아니라 피로해소를 돕는 다른 좋은 성분까지 함께 들어 있다. 약효가 검증된 값싼 알약이 여기 있는데도, 잘못된 보신용으로 웅담을 거래하는 사람들에게 여전히 살아 있는 곰의 가슴에 빨대를 꽂고 싶은지 묻고 싶다.

철창에 갇힌 미소를 보면

우리나라 사육 곰의 흑역사

팔이 하나 없는 어린 녀석이 엄마 곰 옆에서 해맑게 웃는다. 바로 옆 칸에는 다 큰 어른 곰이 정신없이 왔다 갔다를 반복한다. 눈을 돌리니 또 다른 녀석은 앉았다 섰다를 반복한다. 이처럼 지속적이고 반복적이며 특별한 목적 없이 하는 비정상적인 강박행동은 협소한 공간에 갇힌 동물들에게서 쉽게 볼 수 있는 정형행동 stereotypical behavior이다. 이러한 행동은 도파민, 세로토닌 같은 신경화

학물질 분비에 문제가 생겨서 발생한다. 실제로 사육 곰의 혈액, 털, 배설물에서 검출된 스트레스 호르몬(글루코코르티코이드, glucocorticoids) 수치가 자연에서 서식하는 곰에 비해 높은 것으로 나타났다. 한쪽 구석에는 정형행동을 하다 지친 녀석이 제 몸무게를 이기지 못하고 축 늘어져 있다. 어린 곰들이 팔이나 발이 없는 것은 가끔 철창 옆으로 사지를 뻗었다가 큰 곰한테 끔찍한 변을 당한 것이라 한다. 작은 공간에 밀집해서 사육되다 보니 발생할 수 있는 일이다.

국내에서 곰을 기르는 농가의 사정은 제각기 다르지만 시설이나 관리 방식은 비슷하다. 이러한 현실은 중국이나 베트남과도 크게 다르지 않다. 국내 사육 곰들도 좁고 비위생적인 환경에서 몸부림치는 실정이다. 왜 이렇게 많은 곰이 철창에 갇힌 채 살아가는 것일까?

국내 사육 곰의 역사는 1981년으로 거슬러 올라간다. 정부에서는 농가 수입을 증대한다는 목적으로 개인도 일정한 사육시설을 갖추면 곰을 수입할 수 있도록 허용했다. 이때 수입된 곰들은 주로 아시아흑곰이라 불리는 반달가슴곰의 아종들이다. 대부분 히말라야산과 일본산으로 농가에서 수입하여 사육한 뒤 다른 나라로 재수출했다. 그러나 얼마 가지 않아 국제적 멸종위기종인 곰을 보호해야 한다는 여론이 높아지면서 1985년 정부는 곰 수입을 전면 금지했다. 1993년 우리나라도 국제적으로 통제되고 감시돼야 할 생물 종의 거래를 제한하는 국제적 협약인 CITES에 가입했다. CITES 가입으로 국내 농가가 국제적 멸종위기종인 곰을 재수출하는 일이 어려워졌다. 곰을 국외로 수출하는 건 어렵지만 국내에서 이동시키는 일은 가능했다. 사육 곰의 양도·양수는 법적 신고 및 곰 사육시설 권고 기준에 맞는 시설만 확보하면 가능했다. 2012년 환경부 보고서에 따르면 국내 사육 농가 53곳에서 곰 998마리를 사육하는 것으로 집계됐다.

이렇게 사육 곰은 웅담을 거래하려는 상업적인 목적으로 이용된다. 웅담을 얻기 위한 도축은 곰의 종류에 따라 처리 기준(나이)이 다르다. 1985년 이전에 수입한 곰들 가운데 불곰은 25년 이상, 반달가슴곰은 24년 이상으로 정해져 있다. 그리고 1985년 이전에 수입한 곰이 낳은 새끼 곰은 10년 이상 나이를 먹으면 불곰이든 반달가슴곰이든 합법적으로 처리할 수 있다. 이러한 기준은 곰을 사육하는 농가의 경제적 여건, 곰의 수명 등을 고려하여 정해진 것이다. 웅담을 제외한 다른 부산물은 폐기하는 게 원칙이지만 음성적으로 고기나 모피 등의 거래가 발생하기도 한다.

합법과 불법 사이

가까운 일본에서도 곰의 부산물을 상업적으로 활용하고 있다. 하지만 우리가 곰을 활용하는 것과 매우 다른 방식이다. 사육 곰이 아닌 야생 곰을 대상으로 한다는 점이 큰 차이점이다. 일본에서는 곰과 인간이 오랫동안 공존하며 살아왔다. 급기야 자연에서 곰 개체수가 너무 많아져 인간이 개입하여 개체수를 인위적으로 조절해야 할 지경에 이르렀다. 그래서 일본에서는 개체수 조절을 위한 사냥과 인간 사회에 문제를 일으킨 곰을 사살하는 일이 일반적으로 행해진다. 곰 한 마리를 가지고 다양한 상품을 만들어 내는데, 특히 곰고기 통조림은 마트에서 흔히 볼 수 있는 대중적인 식료품이다. 중국에서도 사육 곰에서 나는 부산물을 가지고 여러 상품을 만들어 판매하지만 베트남은 이를 금지하고 있다. 하지만 베트남의 많은 곳에서 법의 감시망을 피해 웅담 채취와 판매가 성행하고 있다.

전 세계적으로 한국과 중국만이 웅담 채취를 목적으로 곰의 사육을 허용한다. 이 때문에 환경단체와 국제사회로부터 곰 사육 금지 요구가 지속적으로 제기되고 있다. 사육 농가는 이러한 사회적 부담과 더불어 곰 관리에 드는 경제적 부담도 안고 있다. 실제로 사육 곰의 수가 많은 큰 농장은 곰 관리에 큰 부담을 가지고 있다. 전체 사육 농사의 64%를 차지하는 10마리 미만의 소규모 농장들의 부담은 더욱 심각하다. 관리 비용이 많이 발생하다 보니 사육 공간 확장이나 전용 사료는 엄두도 못 낸다. 제공해 줄 수 있는 먹이가 고작해야 개 사료나 식당에서 수거해 온 먹고 남은 음식물이다. 이러한 문제가 해결되지 못한 채 누적되어 곰들의 복지가 더욱 악화되고 있다.

지리산으로 갈 수 없는 곰

많은 사람이 철창 속 사육 곰을 자연의 품으로 돌려보내라고 요구한다. 지리산에 방사하여 자연에 살게 하라는 것이다. 하지만 지금 사육하고 있는 곰들은 자연으로 돌려보낼 수 없는 개체들이다. 자연에 방사할 수 있는 곰은 우선 고유(토종) 혈통의 곰이어야 한다. 지금 사육하고 있는 곰들은 대부분 동남아시아와 일본 등에서 수입됐다. 우리나라 고유 혈통이 아니다. 사육 곰을 대상으로 수행한 유전자 분석에서도 고유 혈통은 확인되지 않았다. 대부분 히말라야산과 일본산 그리고 두 종의 잡종 개체로 확인됐다. 현재 지리산에 살고 있는 종과 다른 아종으로, 이러한 개체들은 서식지 내 고유종을 복원하는 데 합류시킬 수 없다.

또한 유전적 다양성 측면에서도 문제를 안고 있다. 근친 교배로 번식력, 출산율, 생존율이 떨어질 수 있다. 국내와 다른 서식 환경인 동남아시아 지역에서 살았던 사육 곰들은 우리나라에 와서 오랜 기간 갇힌 공간에서 지냈다. 이러한 개체들은 자연에 방사시킨다고 하더라도 환경 변화에 적응력과 생존력이 떨어져 실패할 확률이 높다. 이외에도 개체의 건강성과 질병학적 검사 등 관리가 필요하다. 설령 이러한 검사를 통과했다고 하더라도 자연 내 방사가 가능한지, 적응할 수 있는 개체인지, 성별, 연령, 성격 등 여러 분야의 연구와 검사가 필요하다. 안타깝지만 고유 혈통도 아니고 야생성도 상실한 사육 곰들은 지리산으로 갈 수 없다.

사육 곰에 대한 여러 고민이 점차 본격화되고 있다. 복잡한 정책과 이해관계가 얽혀 사육 곰이 안고 있는 문제를 해결하기는 쉽지 않다. 대내외적으로 곰 사육금지 여론과 동물복지 구현에 요구가 거세게 일고 있다. 이러한 시점에서 국내 사육 곰을 위한 정부와 사육 농가 그리고 환경단체 등의 노력으로 조금씩 문제의 매듭을 풀고 있다. 여러 차례 각 기관과 단체들은 협의를 거듭하면서 사육 곰의 현명한 관리를 모색하고 있다. 정부는 우선 사육 곰의 실태와 현황을 파악하여 체계적 관리 기준을 마련했다. 또한 중성화 수술을 수행하여 사육 곰의 증식을 억제하고 있다. 2014년에서 2016년까지 수행된 중성화 정책으로 1,000여 마리가 넘었던 사육 곰이 600여 마리로 줄었다. 이후 꾸준한 감소세로 2021년에는 360여 마리가 사육 중이다. 정부를 비롯해 국내 동물을 사랑하는 단체와 시민사회에서 다양한 노력의 결과이다.

하지만 아직도 자연으로 돌려보낼 수 없는 남아 있는 곰을 위한 행동이 필요하다. 복지의 질을 높이기 위해서는 좁은 철장이 아닌 곰 보호시설(생츄어리)이 만들어져야 한다. 전시하고 보여주는 곳이 아니라 곰이 자유로이 활동할 수 있는 보금자리 형태의 생츄어리를 의미한다. 최근 사육 곰 보호를 위해 전남 구례와 충남 서천에 사육 곰 보호시설(생츄어리) 두 곳이 만들어지고 있다. 이와 더불어 정부는 곰 사육금지를 위한 특별법 제정을 추진한다. 곰 사육 40년의 묵은 사회문제를 해결하고자 정부, 농가, 시민사회가 뭉친 결과이다. 사육 곰에 대한 보호와 복지가 보장되는 제도와 환경이 만들어지기를 기대한다.

곰에게 가혹한 인간의 논리

사육 곰 문제는 이제 정부와 사육 농가만의 몫이 아니다. 인간의 시각에서 정치적, 윤리적, 사회적 입장만을 내세우지 말고 철창에 갇힌 곰의 눈으로 이 문제를 보고 느끼고 고민할 때다. 사육 곰의 문제가 수면 위로 떠오르면서 일각에서는 지리산에서 복원하는 곰들과 비교하기도 한다. 같은 곰인데 왜 지리산 곰은 대접을 받고, 사육 곰은 그렇지 않느냐는 논리다. 하지만 단순히 복원 대상 곰과 사육 곰을 비교해서는 안 된다. 비교의 대상이 다른 문제를 똑같은 잣대로 가늠하는 것은 옳지 않은 논리라고 생각한다. 서로 다른 상황에 놓인 곰들을 같은 논리와 정책으로 다룰 수 없다. 서로 다른 논리와 정책으로 풀어야 한다.

　마하트마 간디Mahatma Gandhi는 “한 국가의 위대함과 도덕성은 동물을 다루는 태도로 가늠할 수 있다.”라고 했다. 말 못하는 동물을 보호하는 일이야말로 진정한 국가의 격을 논할 수 있는 요소가 아닐까 싶다.

곰이 사는 마을,
베어빌리지

곰과 인연이 깊은 마을

경상남도 하동군 화개면 지리산 골짜기 상류에 자리 잡은 두메산골 의신마을. 이곳에 가면 반달가슴곰을 볼 수 있다! 경상도와 전라도를 가로지르는 섬진강 줄기를 따라 강물이 흘러가는 길에 화개장터가 있고, 여기서 쌍계사를 지나면 사계절 내내 물 맑고 공기 좋은 지리산의 아름다움을 간직한 마을이 나온다. 일부러 찾지 않으면 쉽게 갈 수 없는 이 외딴곳에 2014년 11월 새 바람이 불었다.

'베어빌리지Bear village'. 이 마을은 지리산 반달가슴곰 두 마리와 함께 새로운 이름을 얻었다. 사실 의신마을에서 곰은 낯선 대상이 아니다. 마지막 야생 곰의 흔적도 이 마을을 둘러싼 지리산에서 확인됐다. 곰과의 인연이 깊은 마을이다. '곰마을'이란 이름을 얻은 것은 어쩌면 너무나도 당연하다. 곰과 함께하는 생태체험이란 시도로 두메산골 의신마을은 재탄생했다. 베어빌리지에서는 매년 3월 15일부터 12월 중순까지 반달가슴곰 체험학습과 더불어 야생화 화분 만들기, 서산대사 옛길 걷기 등 다양한 체험 프로그램을 개발하여 운영하고 있다.

반달가슴곰 체험프로그램은 곰을 통해 지리산을 바라보고, 자연과 인간이 함께 공존하는 방법을 찾는다. 지역의 특산물을 이용한 먹거리 체험 프로그램은 지리산을 터전으로 건강한 삶을 살고 있는 베어빌리지를 만끽하게 한다. 산나물 시골 밥상과 같은 유기농 식체험과 주말장터를 활용한 지역 특산물 판매도 큰 호응을 얻고 있다. 서산대사 옛길 걷기는 국립공원 숲해설사와 함께 걸으며 지리산의 푸른 자연생태를 오감으로 느낄 수 있는 프로그램이다. 반달가슴곰 캐릭터는 이제 베어빌리지를 대표하는 자랑일 뿐 아니라 지역 경제에도 든든한 보탬이 되고 있다.

복원의 세 가지 조건

지리산 의신마을의 변신은 곰 복원이 국가 홀로 하는 일이 아니고 모두가 함께해야 한다는 사실을 다시금 깨우치게 한 사건이었다. 지역 주민과 하동군청 그리고 국립공원공단이 함께 만들어 가는 복원의 표준모델을 제시한 것이다.

지리산 반달가슴곰 복원 프로젝트부터 베어빌리지의 탄생까지 어느 것 하나 쉬운 일은 없었다. 처음 지리산에 겁 없이 뛰어들었을 때는 곰이 건강하고 곰이 사는 환경만 건강하면 다 되는 줄 알았다. 지리산 반달가슴곰 복원은 이 두 요인을 모두 충족하고 있으니 노력만 하면 금방이라도 곰이 지리산과 함께할 줄 알았다. 하지만 생각대로 되지 않았다. 충분히 감당할 수 있을 줄 알았던 한 요인으로 많은 시련과 좌절을 맛보았다.

복원이 성공하려면 '대상 종인 곰'과 그들이 살 수 있는 환경조건, 즉 '서식환경(서식지)'이 필요하다. 그리고 또 하나 '정치-사회적, 경제적 요구'가 맞아떨어져야 한다. 이 세 가지 성공 기준은 세계자연보전연맹 종보전위원회IUCN SSC의 재도입전문가그룹Re-introduction Specialist Group, RSG에서 제시한 '야생생물 복원(재도입) 성공을 위한 3대 요인'이다. 국제사회에서 통용되는 이 지침을 따르며 많은 곳에서 복원을 진행한다.

마지막에 제시한 정치-사회적, 경제적 요인은 무엇보다 예산이 뒷받침돼야 한다. 복원을 수행하기 위한 가장 기본적인 사안이며 정치적 요구가 많이 반영되기도 한다. 사회적 관점에서는 큰 범주인 국민적 공감대가 기본이며 정말 중요한 요소다. 국민들의 관심은 여론을 통해 형성되는 경우가 많고 복원에 큰 힘이 되어 주는 부분이기도 하다. 하지만 실제 피부로 와 닿는 관심과 지지는 지역 주민의 몫이다.

협력과 갈등의 10년

지리산을 지키는 지역 주민의 관심과 협력이 없으면 지리산 곰 복원은 성공할 수 없다. 초창기 지리산 곰 복원은 기대 반 우려 반이었다. 특히 꿀이나 농작물 피해에 우려의 소리가 높았고, 예상은 적중했다. 자연적응 과정을 테스트하기 위해 풀어놓았던 곰 때문에 피해가 발생했다. 녀석들은 보호시설에서 자라서 더욱 농가 거부감이 없었다. 이러한 결과는 피해 방지용 전기 울타리를 설치 작업으로 이어졌다. 지리산 전역은 워낙 규모가 방대해 모든 곳에 전기 울타리를 설치할 수는 없기에 곰의 활동영역을 바탕으로 설치했다. 이러한 노력에도 불구하고 곰 때문에 피해를 입는 일이 발생하면 보험을 통해 보상해 주었다.

수십 년 넘게 협력과 갈등이 반복되면서 지역 주민들 스스로 곰을 바라보는 시선에 넉넉함이 생기기 시작했다. 곰 복원은 지리산을 푸르게 함은 물론 지리산을 사랑하는 지역 주민들에게도 함께 살 수 있는 길을 열어 주었다.

곰은 지역 특산물들의 상징이 되었다. 지역 특산물들이 반달가슴곰이라는 특별한 캐릭터를 입고 색다른 모습으로 탈바꿈했다. 지리산 반달곰 벌꿀, 반달곰 쌀, 반달곰 고로쇠 등 다양한 상품이 만들어지고 있다. 곰은 이제 지리산과 지역 주민의 새로운 희망으로 자리 잡고 있다. 제 길을 찾아가는 여정이 아직도 멀긴 하지만 희망이 보이기 시작했다. 작지만 함께 살아가는 방법을 찾은 것이다.

오늘도 곰을 지키는 사람들은 곰과 우리가 함께 헤쳐 나갈 길의 초석을 놓는 데 전념한다. 작은 노력이 하나둘 쌓이며 공생과 공존의 이야기가 빈 페이지들을 채워 나갈 것이다.

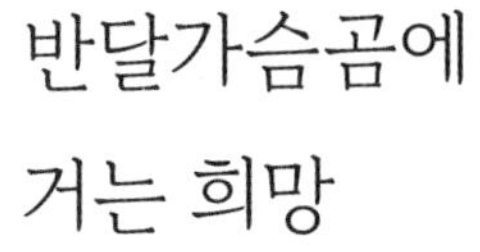

반달가슴곰에 거는 희망

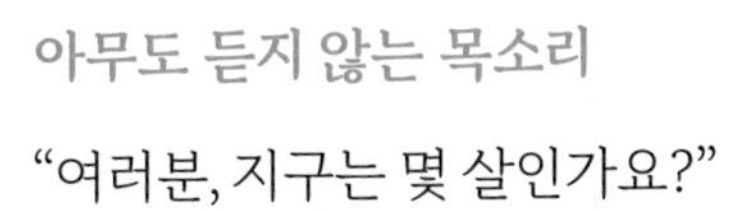

아무도 듣지 않는 목소리

"여러분, 지구는 몇 살인가요?"

동물에 관한 강의를 한다고 해놓고 뜬금없이 지구 나이는 왜 물을까? 어린 친구들의 호기심 가득한 얼굴과 어른들의 의아한 표정이 항상 재미있다. 지구 나이를 꼭 알 필요는 없다. 지구가 살아오면서 겪은 수많은 일이 궁금하기 때문에 질문한 것이다. 과학으로도 풀 수 없는 많은 수수께끼를 간직한 채 지금도 지구는 돌고 있다.

지구는 이제 약 46억 년을 살았다. 그간 무수한 생명이 만들어지고 사라지기를 반복하면서 오늘에 이르렀다. 사라지면 그만인 생명들을 왜 그렇게 붙잡으려 애쓰는 걸까? 반달가슴곰, 산양, 여우, 황새, 따오기, 장수하늘소… 이 동물들이 없어진다면 무엇이 달라질까? 또 이 동물들을 살린다고 무엇이 달라진단 말일까?

생명의 탄생과 절멸은 지극히 자연스런 일로 인간의 힘으로 어찌할 수 없는 자연의 이치라 생각한다. 그런데 이 순리를 인간이 깨고 있다. 수많은 생물 종이 아무런 저항도 하지 못하고 우리 곁에서 사라지고 있다.

생명이 사라지는 데 얼마나 걸릴까? 과연 우리 인간이 만들어 낸 시간 개념으로 해답을 찾을 수 있을까? 진화적 관점에서 새로운 종이 만들어지고 사라지는 데 필요한 시간을 파악하기는 그리 쉽지 않다. 인간이 시간을 가늠하는 잣대는 생명의 비밀을 풀기에 너무나 짧다. 100만 년, 1,000만 년 혹은 그 이상의 시간이 필요할 수 있다.

우리는 지금 역사상 가장 짧은 시간 내 많은 생물 종의 멸종을 목격하고 있다. 지구는 다섯 번의 대멸종이 있었다. 가장 최근에 일어난 다섯번째 대멸종은 약 6,500만 년 전에 공룡이 사라진 일이다. 공룡은 적어도 2억 년의 시간을 지구에서 살았다.

동물을 사라지게 하는 데에는 많은 위협 요인이 있다. 동물에게 가장 위협적인 요인을 들자면 그들이 살아가는 삶의 터전이 사라지고 있다는 것이다. 그들의 서식지가 파괴되고 훼손되고 쪼개지고 잘리는 단편화의 문제가 확산되고 있다. 사람의 활동은 야생동물 대부분의 생존을 불가능하게 만든다. 인간의 활동으로 엄청난 자원이 소비되고 그 여파로 심각한 환경 문제가 발생한다.

이밖에도 맹신적인 동물 보신이나 희소성 있는 동물에 대한 그릇된 소유욕 때문에 많은 생명이 사라져 가고 있다. 마구잡이, 싹쓸이 등 무분별한 포획도 큰 몫을 한다. 더 큰 문제는 인간을 우선순위에 두는 이기적인 생각이다. 사람들은 다른 동물들과 함께 살아가는 것이 얼마나 중요한지 아직도 깨닫지 못하는 것 같다. 과연 자연에서 다른 생명들이 사라진다면 사람들은 잘 살 수 있을까?

생태계 그물망의 한 코

특정 생물 종이 멸종위기에 처하면, 그 종의 기능이 약화된다. 그 영향은 먹이그물 전반으로 파급되어 결국 생태계 내 생물다양성을 저해하고 생태계 평형이 깨어진다. 호랑이, 표범, 곰, 늑대 등 상위 포식자가 사라지면서 국내의 동물 생태계에는 불균형이 초래됐다. 그들이 사라지면서 고라니, 노루, 멧돼지 등 중간 단계에 위치한 동물들의 개체수가 늘고 있는데, 이러한 현상은 먹이 경쟁과도 긴밀한 관련이 있다 보니 결국 그 영향이 인간에게까지 미친다. 최근 멧돼지가 일으킨 농가 피해 발생 건수가 증가하고 있는 것을 예로 들 수 있다.

생명이 점점 사라져 자연생태계의 평형이 깨어지면 결국 인간도 살 수 없는 환경이 되는 것은 자명하다. 사라져 가는 생물 종의 복원은 자연과 인간이 공존으로 가는 지름길이다. 복원의 큰 의미는 바로 생물 종 스스로가 살아갈 수 있도록 도와주는 데 있다. 궁극적으로는 건강한 생태계를 회복하기 위한 것이다.

지리산 반달가슴곰 프로젝트는 보전생물학에서 다루는 최소 생존 개체군인 50마리를 복원 목표로 삼았다. 하지만 이것은 일차적 목표이고, 지리산에 사는 곰이 50마리로 늘어난다고 해서 복원이 성공한 것은 아니다. 반달가슴곰이 50마리가 되면 지리산 곰 복원은 끝이라고 생각하는 사람들이 있다. 지금 지리산 곰들은 50마리를 웃도는 숫자로 개체수가 늘었다.

이렇게 2세대, 3세대, 4세대, 세대를 거듭하여 지리산에 곰들이 많아지면 또 다른 준비가 필요하다. 과학적으로 추정해 봤을 때 지리산의 수용력과 그에 따른 곰의 적절한 개체수를 분석하여 새로운 목표를 산출해야 한다. 또한 늘어가는 곰과의 충돌에도 대비를 충분히 해야 한다.

현재 지리산은 1900년대 초반의 서식환경과는 차이가 있다. 당시에는 지리산국립공원만이 지리산이 아니었다. 인근의 계곡, 산, 강 모두가 지리산이었다. 서식환경이 바뀐 지금, 예전의 수만큼 지리산에 곰이 산다는 것은 불가능하다. 야생동물 서식지였던 많은 지역이 지금은 마을로 들로 바뀌었다. 산속 깊숙한 곳까지 인간의 활동영역은 계속해서 확장되고 있다. 보호지역인 지리산 경계지역까지 그 범위가 커졌다.

곰이 사는 서식공간을 향해 인간의 활동지역은 점차 확대되고 있어 지리산에 곰의 수가 늘어나면 서로 간의 충돌은 불가피해질 수밖에 없다. 삶의 공간이 겹쳐지는 현 시점에서 인간과 곰의 충돌을 완벽하게 피하기는 불가능할지도 모른다. 지금도 지리산을 터전으로 살고 있는 지역 주민들과 곰이 충돌하며 농가 피해가 종종 발생하고 있다. 아직까지 발생하지 않았지만 만약 인명 피해가 발생한다면, 곰 복원의 미래는 분명 밝지 않을 것이다.

곰을 거꾸로 하면 문

지리산은 사람과 동물이 함께 사는 곳이다. 자연 스스로의 흐름이 인간의 간섭으로 깨어지고 바뀌고 있다. 지리산의 자체 회복력을 믿어야 하지만 이곳을 잘못 이용해 온 행태를 바로 잡으려면 보다 강도 높은 대책이 필요하다.

산을 좋아하는 우리나라 사람들의 정서상 앞으로도 많은 사람이 지리산을 찾을 것이다. 정상 정복과 종주라는 산행 문화로 지리산 곳곳이 뚫렸다. 더욱이 지리산은 다른 국립공원보다도 많은 인원이 집중적으로 이용하고 있어 심한 몸살을 앓고 있다. 곰과 지리산의 야생생물이 살 수 있는 환경을 만들기 위해서 우선 사람들의 이용을 분산할 필요가 있다. 필요하다면 지리산이 수용할 수 있을 만큼만 이용 제한을 해야 할 것이다.

해외의 잘 보전된 보호지역을 보면 '사전예약제'란 제도를 두고 있다. 현명한 이용과 보전을 실행하기 위해 지역 주민이 스스로 운영하는 가이드 제도를 활성화하기도 한다. 지속가능한 이용과 보전이라는 두 마리 토끼를 잡기 위한 대책이 절실한 시기다.

우리가 지금 하고 있는 복원과 보전 노력은 현 시대가 함께 해야 할 책무이며 요구다. 훼손된 자연생태계에 책임을 다하기 위한 인간의 사회적 공헌이다. 복원은 자연을 이전의 환경과 상태로 되돌려 놓기 위한 노력이다.

이러한 참뜻을 고스란히 지리산 반달가슴곰 복원에 담았다. 한 마리 한 마리 곰의 개체수만 늘리는 것이 아니다. 스스로 자연에서 먹이 활동을 하며 살아가는 곰이 되기를 바란다. 추운 겨울을 이겨내고 새끼를 낳으며 자연의 이치에 따른 삶을 살기 바란다. 지리산이 곰이 마음껏 누릴 수 있는 환경으로 바뀌길 원한다. 이러한 복원의 길을 많은 사람이 함께 갈 수 있도록 용기와 배려를 소망한다. 곰들이 지리산을 넘어 덕유산으로 그리고 백두산까지 뻗어 나가기를 희망한다. 우리가 사는 이 땅의 푸르름을 지키기 위한 자연으로 가는 문! 그 중심에 곰이 있다.

에필로그

끝나지 않은 반달가슴곰 이야기를 위하여

지리산 반달가슴곰 프로젝트는 누군가 혼자서 감당할 수 있는 일이 아니다. 다양한 분야의 사람들이 함께했기에 여기까지 올 수 있었다. 지리산에서 반달가슴곰을 복원하는 것은 그곳에서 일하는 연구자나 관리자들만의 몫이라 생각하는 사람들이 아직도 많다. 곰을 보전하고 보호하는 일은 그들만의 몫이 아니다. 곰을 살리고자 함께 웃고 울던 국민 한 분 한 분이 계셨기에 가능한 일이 아니었을까!

곰이 사라지면 우리도 살 수 없다는 사실을 인식한 분들의 공감이 가장 큰 힘이 되었다. 특히 지리산을 삶의 터전으로 살고 계신 원주민들의 참여가 곰을 살리는 데 빠질 수 없는 힘이었다. 물론 반달가슴곰의 복원이 중요하다는 것을 받아들인 정부의 참여도 빼놓을 수 없다. 이렇게 지리산에 반달가슴곰을 되살리기 위해서 함께한 우리는 많은 어려움과 시련을 극복했고 오늘 이만큼 오게 된 것이다.

사람의 발길이 뜸한 오지에서 오로지 반달가슴곰의 생존을 위해 연구하고 관리하는 사람들의 희생을 빼놓고 복원을 논할 수는 없다. 곰이 스스로 살 수 있도록 도와주고 있는 연구자와 관리자들이 있기에 곰은 오늘도 지리산을 누비고 있다. 지리산을 넘어선 곰은 시나브로 백두대간을 따라 이동하고 있다. 백두산 봉우리를 밟는 날이 오기를 희망한다.

필자 역시 지리산에서 곰과 함께 생활하면서 많은 것을 느끼고 깨달았다. 지금 생각해 보면 매번 산을 오르는 것이 그리 쉬운 일이었겠나. 너무 고달프고 힘들 때마다 '왜 내가 이런 일을 해야 하나?' 매번 거친 숨을 몰아쉬며 생각했다. 직접 산을 다니면서 동물을 관찰하고 연구하는 일, 즉 동물 생태를 연구하고 보전하는 일은 보통 집념으로는 감당하기 어렵다. 그래서 요즘 젊은 연구자들은 현장에서 관찰하고 연구하는 것보다는 실험실에서 하는 연구를 더 선호한다. 그러다 보니 실제로 현장에서 동물을 연구하고 관리하는 전문가들이 멸종위기에 놓여 있다. 매번 뼈가 있는 농담으로 하는 말이다. 멸종위기 동물도 문제지만 이 동물을 연구하고 관리하는 전문가가 많지 않은 것도 큰 문제라고.

동물의 행동과 생태를 연구하는 것은 시간과의 싸움이다. 기다림의 미학이라 할 수 있다. 그런데 현실은 기다려 주지 않는다. 그러다 보니 연구자들이 하나둘 떠나고 서서히 줄고 있다. 그런 와중에도 인간의 책임과 사회적 사명이란 무거운 짐을 지고 오늘도 지리산을 비롯해 많은 곳에서 젊은 일꾼들이 땀을 흘리고 있다. 남들이 가지 않은 어렵고 힘든 길을 가고 있다.

이번 기록은 참 오랜 시간이 걸렸다. 현장의 소리를 직접 전해주고 싶었는데 글재주가 부족해 망설이기를 수십 번, 그렇게 시간만 흘렀다. 하지만 누군가는 기록해야 하고 그 기록을 이어가야 한다. 현장에서 경험한 일들을 중심으로 곰과의 공생을 이야기하고 싶었다.

곰을 비롯한 야생 동물의 멸종은 자연의 파괴와도 밀접한 연관성이 있다. 자연 파괴는 동물의 멸종에 큰 영향을 미친다. 삶의 터전인 자연의 파괴는 동물의 멸종 원인이 되고 동물의 멸종은 다시 자연을 파괴하는 악순환으로 이어진다. 역설적으로 말하면 곰을 살리는 일은 지리산을 보호하는 것이다. 곰은 숲을 건강하게 바꾸는 '숲의 농부'이자 '숲의 관리자'로 역할을 한다. 자연 그 자체이다. 이와 대조적으로 자연에서 받기만 하고 돌려주는데 인색한 종도 있다. 인간의 무분별한 자연 활용을 일컫는 말이다. 존경하는 초대 국립생태원 최재천 원장님은 두 동굴 이야기로 이런 일을 경고하고 있다.

"그 옛날 우리는 살던 동굴이 참기 어려울 정도로 더러워지면 그냥 새 동굴로 옮겨가면 그만이었다. 우리 인간은 그 누구보다도 자연을 잘 이용해 먹었기 때문에 '만물의 영장'이 된 것이다. 다만 이제 우리에게는 더는 옮겨갈 동굴이 없을 뿐이다. 자연을 보호하고 사랑하라는 본능은 우리에게 없다. 자연이 참다못해 우리를 할퀴기 전에 생명 사랑의 습성을 체득해야 한다." (조선일보, 2012.08.27)

자연환경을 쉽게 이용하고 파괴하는 습성으로 자연생태계가 훼손되었다. 살 수 있는 공간이 점점 제한되고 부족해지면서 생명이 설 자리를 잃어가고 있다.

이 책은 반달가슴곰 역사의 아주 작은 부분이다. 또 다른 역사가 계속해서 기록되어 반달가슴곰의 발자취를 알 수 있었으면 한다. 앞으로 많은 기록이 세상 밖으로 나오길 기대한다. 복원을 위한 태동은 1996년부터이니 20년을 훌쩍 넘긴 일이다. 지리산에 곰을 살리는 경험을 글을 통해 알리고 싶었다. 이 시대를 사는 우리에게 반달가슴곰은 어떤 의미가 있을까? 왜 반달가슴곰을 지리산에 살려야 할까? 지금 우리는 어떤 노력을 하고 있을까? 20여 년의 지리산 반달가슴곰 복원 이야기를 모두 담을 순 없겠지만 곰이 우리에게 왜 특별한 존재인지를 담으려 했다. 곰이 존재함으로 인간도 살 수 있다는 사실을 알리고 싶다.

성공과 실패라는 이분법으로 그간의 성과를 판단하지 않았으면 한다. 성공은 성공대로, 실패는 실패대로 얻을 수 있는 교훈을 찾아 성장하며 나아가길 기대한다. 자연에 사는 곰뿐 아니라 처절한 삶을 살아가는 사육 곰의 미래도 함께 고민하길 원한다. 자연으로 돌아가기 어려운 사육 곰들이 남은 생이라도 철장이 아닌 자연공간에서 살 수 있도록 배려해야 한다. 지금 만들고 있는 보호시설(생츄어리)은 오롯이 곰을 위한 보금자리,

사람의 생각과 시각이 아닌 곰의 관점에서 그들의 행복이 보장되는 곳이어야 한다.

복원은 사라질 위기에 놓인 생물을 대상으로 한, 복잡하고 오랜 시간이 소요되는 어려운 일이다. 복원보다 오히려 지금 건강하게 사는 생물을 제대로 보호하는 일이 훨씬 쉽다. 복원에 드는 비용보다 훨씬 적은 비용이 소요된다. 바로 지금 곁에 있는 생명을 사랑하면 된다. 제대로 된 사랑은 관심과 이해가 우선되어야 한다. 사랑은 함께 살 수 있는 공존의 마법을 푸는 중요한 열쇠이다.

곰과 함께 산다는 것은 우리의 배려가 매우 중요하다. 사람 중심적 배려를 의미하는 것이 아니다. 사람 중심이 아닌 생명 중심으로 생태계를 바라보라는 말이다. 우리도 자연의 한 일원으로 더불어 살아가야 한다. 제한된 생태계 내에 살아가는 한 종일 뿐이다. 생태계는 사람이 중심에 서 있는 시스템이 아닌 그 안에 함께 있음을 기억해야 한다. 자연에서 떨어져 나가 혼자 살 수 있는 존재가 아니다. 그 안에서 다른 생명과 연결되어야 건강하고 안정된 삶을 살 수 있다.

아직도 곰과 함께 사는 일에 관심이 적은 이들이 있다. 긍정적으로만 바라보지 않는다는 사실도 알고 있다. 지리산 반달가슴곰 복원은 사회적 요구와 합의, 해야 한다는 당위성을 담보하고 있다. 비판이나 질타만 하지 말고 잘하고 있는 일은 칭찬하고 아쉽거나 부족한 일은 채찍질하며 함께 채워갔으면 한다.

반달가슴곰을 만나고 새로운 꿈이 생겼다. 백두산에서 지리산까지 뻗은 백두대간 그 핵심 생태계 중심에 DMZ가 있다.

한반도 동서를 가로지르는 생태축의 중심인 그곳에서 저 백두산의 호랑이가 지리산의 곰을 만나는 꿈이 이루어지길 소망한다.

사람과 곰 그리고 지리산이
함께 쓰는 생태 서사

반달가슴곰과 함께 살기

초판 1쇄 인쇄 2022년 11월 20일
초판 1쇄 발행 2022년 12월 15일

지은이 이배근

펴낸곳 지오북(**GEO**BOOK)
펴낸이 황영심
편집 전슬기, 정진아
디자인 THE-D, 장영숙

주소 서울특별시 종로구 새문안로5가길 28, 1015호
(적선동 광화문플래티넘)
Tel_02-732-0337 Fax_02-732-9337
eMail_book@geobook.co.kr
www.geobook.co.kr
cafe.naver.com/geobookpub

출판등록번호 제300-2003-211
출판등록일 2003년 11월 27일

ⓒ 이배근, 지오북(**GEO**BOOK) 2022
지은이와 협의하여 검인은 생략합니다.

ISBN 978-89-94242-83-5 03490

이 책은 저작권법에 따라 보호받는 저작물입니다.
이 책의 내용과 사진 저작권에 대한 문의는
지오북(**GEO**BOOK)으로 해주십시오.

재생종이로 만든 책

이 책은 환경과 산림자원 보호를 위한
FSC 인증 종이와 재생종이를 사용했습니다.

친숙한 일상에서 낯선 세계로 가는 생태학적 시선

출근길 생태학

*2021 한국출판문화산업진흥원 세종도서 교양부문

생태학자가 차를 버리고 걸어서 출근하면서부터 고민하고 사유한 이야기를 책에 담았다. 지은이는 느린 길을 택해 걸어가면서 주변의 환경과 사람의 관계, 사물과 자연의 관계로부터 생태학적 원리를 찾아낸다. 저자의 시선과 발걸음을 따라가다 보면 풍경을 읽는 법을 터득하고 일상에 숨어있던 생태지혜를 배우게 된다.

이도원 지음 | 312쪽 | 신국판 | 19,000원

20대 청년의 아마존 야생 탐사 기록!

아마존 탐사기

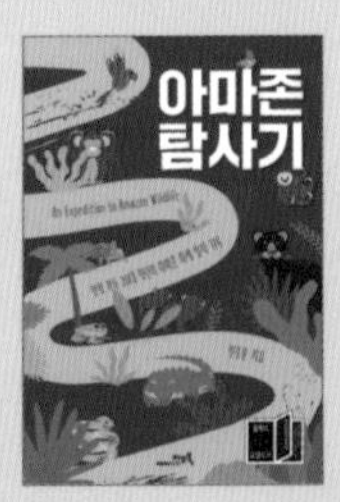

*2020 올해의 청소년 교양도서

"지금은 왜 못가?" 친구의 한 마디로 지은이는 아마존 열대우림으로 향했다. 다양한 생물에 눈을 빼앗기는 것도 잠시, 현실은 고난 그 자체. 폭염과 폭우로 계획한 조사는 허탕 치기 일쑤고, 샤워와 빨래는 흙탕물로 해야만 했다. 그럼에도 열정과 도전정신으로 버텨내고 40여 일 동안 다양한 생물을 직접 체험하고 사진을 찍고 기록하며 자연과 서서히 동화해간다.

전종윤 지음 | 332쪽 | 신국판 | 19,000원

이강운 박사의 24절기 생물노트

붉은점모시나비와 곤충들의 시간

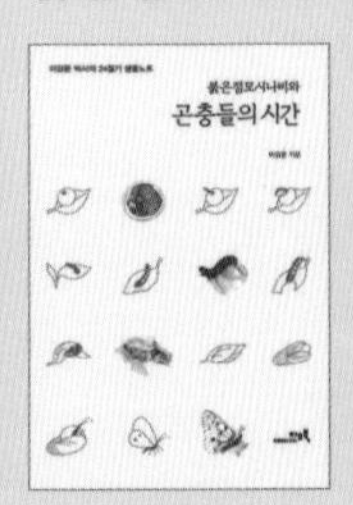

강원도에 홀로세생태보존연구소를 설립한 지은이가 생물들의 계절변화와 생태계의 법칙을 하나씩 찾아내어 멸종위기종인 붉은점모시나비, 물장군, 애기뿔소똥구리를 복원하는 과정을 담았다. 한 가지 식물만 먹는 곤충, 독초를 먹고 사는 애벌레, 동종 포식하는 물장군 등 관찰과 연구를 통해 알 수 있는 흥미로운 이야기를 풀어내고 있다.

이강운 지음 | 256쪽 | 신국판 | 18,000원

자연에 빠져든 '덕후'들의 이야기

자연덕후, 자연에 빠지다

자연에 첫발을 내디딘 탐사 새내기들과 자연에서 배우는 청소년 탐사가들, 그리고 자연의 품에서 자연과 하나 된 전문 연구자들이 한자리에 모였다. 연령무관, 성별무관! 그저 자연이 좋아 자연에 빠져든 '덕후'들은 탐사를 통해 소통하며 공감한다. 이 책은 단순히 생물의 특징과 자연의 멋진 모습뿐만 아니라, 자연에 관심을 가져야만 하는 이유를 함께 전달하고 있다.

장이권 외 25인 지음 | 236쪽 | 신국판 | 15,000원

'자연을 담은 책, 자연을 닮은 책' GEOBOOK 지오북

지리산에 반달가슴곰을 되살려야 하는 이유
'숲의 농부' 반달가슴곰이 살아야 자연도 다시 살아난다.

반달가슴곰은 환경부가 지정한 Ⅰ급 멸종위기종으로서 지금은 쉽게 볼 수 있는 종이 아니지만, 우리에게는 단군신화에도 나오는 매우 친숙하고 상징적인 동물이다. 환경부에서는 20여 년 전에 반달가슴곰의 복원사업을 시작해서 이제는 지리산이 비좁을 정도로 성공적으로 복원되었다. 이 책에는 이배근 박사가 지리산을 수없이 누비며 반달가슴곰 복원사업을 추진했던 이야기와 반달가슴곰의 행동과 생태에 대한 연구과정이 담겨 있다. 앞으로 표범 등 복원사업이 진행된다면 이 경험들은 더욱 값진 밑거름이 될 것이다.

- 국립생태원 원장 조도순

반달가슴곰은 지리산 먹이사슬 최상위의 생태계 조절자이다. 반달가슴곰은 열매를 먹고 씨앗을 퍼뜨리는 '숲의 농부'이다. 그렇게 한반도를 누비던 반달가슴곰은 일제강점기와 전쟁을 거치며 밀렵, 서식지 축소와 단절 등으로 멸종위기에 몰렸다. 영영 사라질 뻔한 이들을 다시 지리산의 품속으로 돌려보내기 위해 복원 프로젝트가 시작된 지 이제 20여 년. 반달가슴곰이 우리와 함께 살게 되기까지 과정을 담아냈다. 그리고 앞으로 반달가슴곰과 우리가 어떻게 공존해야 할지 숙제도 함께 풀어냈다.

값 15,000원

03490

9 788994 242835

ISBN 978-89-94242-83-5